DECIPHERING SCIENCE

破译科学系

王志艳◎主编

能源技术
面面观

科学是永无止境的
它是个永恒之谜
科学的真理源自不懈的探索与追求
只有努力找出真相，才能还原科学本身

延边大学出版社

图书在版编目（CIP）数据

能源技术面面观 / 王志艳主编 . —延吉：延边大学出版社，2012.7（2021.6 重印）
（破译科学系列）
ISBN 978-7-5634-3860-0

Ⅰ．①能… Ⅱ．①王… Ⅲ．①能源技术－普及读物
Ⅳ．① TK01-49

中国版本图书馆 CIP 数据核字（2012）第 160925 号

能源技术面面观

编　　著：王志艳
责任编辑：李东哲
封面设计：映像视觉
出版发行：延边大学出版社
社　　址：吉林省延吉市公园路 977 号 邮编：133002
电　　话：0433-2732435 传真：0433-2732434
网　　址：http://www.ydcbs.com
印　　刷：永清县晔盛亚胶印有限公司
开　　本：16K　165×230 毫米
印　　张：12 印张
字　　数：200 千字
版　　次：2012 年 7 月第 1 版
印　　次：2021 年 6 月第 3 次印刷
书　　号：ISBN 978-7-5634-3860-0
定　　价：38.00 元

前言
Foreword

　　大自然是能源的源泉，而能源是人类赖以生存和发展的物质基础。千百年来，人类为改善自身的生存条件和促进物质文明的发展而不懈地奋斗。在这一漫长而辉煌的过程中，能源始终处于举足轻重的位置。即使在信息产业迅猛发展的今天，能源对世界经济的影响仍稳居首位。

　　人类发展的各种科技进步表明，能源是人类社会发展中的一个具有战略意义的问题。那么，能源都有什么？我们所知道大自然给予人们的，过去知道有煤炭、石油、天然气，而现在人们又认识了太阳能、地热能、风能、生物质能、潮汐能等等。那么，这些能源是如何找到和开发的，它们都有什么功效，它们对人类起着什么作用？大家知道，大自然的化石燃料能源总有耗竭之日，而且它们给环境造成的污染也日益严重。那么，人类可以创造能源吗，什么是再生能源，我们如何有效地开发和利用新能源？

　　在本书内容里，我们向广大青少年朋友介绍了有关能源科技的基础知识、面临的问题、解决的对策和发展的前景，并且回答了以上问题。

　　我们在编写过程中，注重资料新颖、学科交叉、深入浅出、叙述简洁，力图以有限的篇幅为读者提供更多的能源科技信息。希望广大青少年朋友能够在对本书的阅读中，真正学好知识，掌握知识，从书中获益，在本书的陪伴下快乐、健康地成长！

　　本书在编写过程中，参考了大量相关著述，在此谨致诚挚谢意。此外，由于时间仓促加之水平有限，书中存在纰漏和不成熟之处自是难免，恳请各界人士予以批评指正，以利再版时修正。

目录 CONTENTS

何谓能源

所谓能源，是指能够直接或经过转换而获取某种能量的自然资源。"能源"这一术语，过去人们谈论得很少，正是两次石油危机使它成了人们议论的热点。能源是整个世界发展和经济增长的最基本的驱动力，是人类赖以生存的基础。自工业革命以来，能源安全问题就开始出现。在全球经济高速发展的今天，国际能源安全已上升到了国家的高度，各国都制定了以能源供应安全为核心的能源政策。在此后的二十多年里，在稳定能源供应的支持下，世界经济规模取得了较大增长。但是，人类在享受能源带来的经济发展、科技进步等利益的同时，也遇到一系列无法避免的能源安全挑战，能源短缺、资源争夺以及过度使用能源造成的环境污染等问题威胁着人类的生存与发展。

那么，究竟什么是"能源"呢？关于能源的定义，目前约有二十多种。例如：《科学技术百科全书》说："能源是可从其获得热、光和动力之类能量的资源"；《大英百科全书》说："能源是一个包括着所有燃料、流水、阳光和风的术语，人类用适当的转换手段便可让它为自己提供所需的能量"；《日本大百科全书》说："在各种生产活动中，我们利用热能、机械能、光能、电能等来作功，可利用来作为这些能量源泉的自然界中的各种载体，称为能源"；我国的《能源百科全书》说："能源是可以直接或经转换提供人类所需的光、热、动力等任一形式能量的载能体资源。"由此可见，能源是一种呈多种形式的，且可以相互转换的能量的源泉。

确切而简单地说，能源是自然界中能为人类提供某种形式能量的物质资源。

# 能源的分类

能源的形式多种多样，可以根据其存在和产生的形式、来源、能源本身的性质、能源利用的时间和普及的程度等进行分类。

一、按存在和产生的形式分类

根据能源存在和产生的形式可分为两大类：一类是自然界存在的，可以直接利用的能源，如煤、石油、天然气、植物燃料、水能、风能、太阳能、原子能、地热能、海洋能、潮汐能等，称为一次能源；另一类是由一次能源经过加工转换而成的能源产品，如电、蒸汽、煤气、焦炭、石油制品、沼气、酒精、氢、余热等，称为二次能源。

二、按来源分类

按能量的来源不同，可将能源分为三大类：

第一类是来自地球以外天体的能量，其中主要是太阳辐射能，此外，还有其他恒星或天体发射到地球上的各种宇宙射线的能量。太阳辐射能是地球上能量的最主要来源，它除了直接向地球提供光和热外，还是其他一次能源的来源。例如，靠太阳的光合作用促使植物生长，形成植物燃料；煤炭、石油、天然气、油页岩等矿物燃料（又称化石燃料）都是古代生物接受太阳能后生长，又长久沉积在地下形成的；另外，水能、风能、海洋能等，归根结底也都源于太阳辐射能。

第二类是地球自身蕴藏的能量，主要有地热能和原子核能。地热能是地球内以热能形式存在的能源，包括地下热水、地下蒸汽和热岩层，以及尚无法利用的火山爆发能等。原子核能是地壳内和海洋中的核裂变燃料（铀、钍）和核聚变燃料（氘、氚）等发生核反应时释放的能量。

第三类能源来自地球与其他天体间的相互作用。例如，太阳和月球对地球表面海水的吸引作用而产生的潮汐能就属此类。

△ 海上石油平台

三、按是否再生分类

在自然界中可以不断再生并有规律地得到补充的能源，称为可再生能源，如太阳能、水能、风能、潮汐能、生物质能等。它们都可以循环再生，不会因长期使用而减少。经过亿万年形成的、短期内无法恢复的能源，称之为非再生能源，如煤、石油、天然气以及各种核燃料等。它们随着大规模的开采和使用将会逐渐减少。

四、按使用性能分类

按能源是否能作为燃料使用可分为燃料能源和非燃料能源：可作为燃料使用的能源包括矿物燃料（煤、石油、天然气等），生物燃料（柴禾、沼气、有机废物等）、化工燃料（酒精、乙炔、煤气、石油液化气等），以及核燃料（铀、钍、钚、氘、氚等）；不可作为燃料使用的能源包括机械能（风能、水能、潮汐能等）、电能、热能（地热能、海洋温差能等）和光能（太阳辐射能、激光等）。

按能源的储存性质可分为含能体能源和过程性能源。前者可直接储存，本身就是可提供能量的物质，如煤、石油、天然气、核燃料等；而后者是由可提供能量的物质运动所产生的能源，其特点是无法直接储存，如风能、水能、电能、海洋能等。

五、按技术利用状况分类

从能源被开发利用的程度、生产技术水平是否成熟及应用程度等方面考虑，常将能源分为常规能源和新能源两类。常规能源是当前广泛使用、应用技术比较成熟的能源，如煤、石油、天然气、蒸汽、煤气、电等。新能源是指开发利用较少或正在开发研究，但很有发展前途，今后将越来越重要的能源，如太阳能、海洋能、地热能、潮汐能等。新能源有时又叫非常规能源或替代能源。

常规能源与新能源是相对而言的，例如核裂变能应用于核电站，在我国核电站较少，核电所占比例较小，核能是新能源，但在国外除快中子反应堆与核聚变外，许多国家已把核能作为常规能源。即使对于常规能源，目前也正在研究新的利用技术，如磁流体发电，就是利用煤、石油、天然气作燃料，使气体加热成高温等离子体，再通过强磁场时直接发电。另外，风能、生物质能以及某些地方的地热水（如温泉）等能源，使用虽然已有多年历史，但过去未被重视，近年来又开始重视并加以利用，各国现在一般也把它们当做新能源。

六、按对环境的影响分类

从使用能源时对环境污染的大小，把无污染或污染小的能源称为清洁能源，如太阳能、风能、水能、氢能等；对环境污染较大的能源称为非清洁能源，如煤炭、油页岩等。

煤是怎样形成的

煤的形成过程又叫做植物的成煤过程。一般认为，成煤过程分为两个阶段，即泥炭化阶段和煤化阶段。前者主要是生物化学过程，后者是物理化学过程。煤正是由植物残骸经过复杂的生物化学作用和物理化学作用转变而成的。

在泥炭化阶段，它形成了泥炭或腐泥，植物残骸是经过了既分解又化合的过程而形成的。所以泥炭和腐泥都含有大量的腐殖酸，但它的组成与植物的组成却有很大的不同。

煤化阶段首先要经过成岩作用，即是泥炭层在地热和压力的作用下，发生压实、失水、肢体老化、硬结等各种变化而成为褐煤。其密度比泥炭大，碳含量相对增加，腐殖酸含量减少，氧含量也减少。

其次要经过变质作用。随着褐煤的覆盖层的加厚，地壳继续下沉。而褐煤在地热和静压力的作用下，再继续进行物理、化学变化而被压实、失水。形成了烟煤。烟煤对褐煤而言其碳含量增高，氧含量减少，腐殖酸已不存在了。

烟煤继续由低变质程度向高变质程度变化。从而出现了低变质程度的长焰烟、气煤，中等变质程度的肥煤、焦煤和高变质程度的瘦煤、贫煤。其中碳含量也随着变质程度的加深而增大。

在成煤过程中的化学反应中，温度有着决定性的作用。煤的变质程度随着地层加深，地温升高，而逐渐加深。并且高温作用的时间越长，煤的变质程度越高，反之亦然。如果在温度和时间的同时作用下，煤的变质过程基本上只是化学变化过程。但其化学反应却是多种多样的，包括脱水、脱羧、脱甲烷、脱氧和缩聚等。

在煤的形成过程中压力也是一个重要因素。其中反应速度就会随着煤化过程中气体的析出和压力的增高，而变得越来越慢，但却能促成煤化过程中

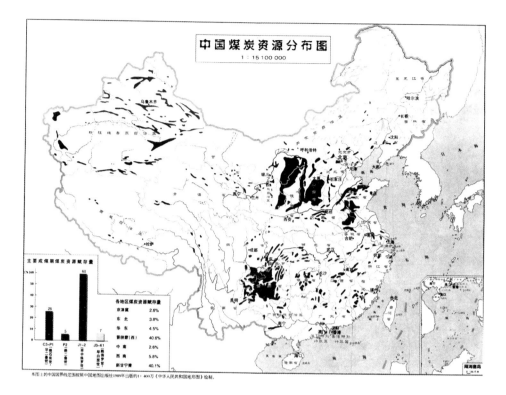

△ 中国煤炭资源分布图

煤质物理结构的变化，能够减少低变质程度煤的孔隙率、水分和增加密度。

随着气候和地理环境的改变，处于不同地质年代的生物也在不断地发展和演化。单就植物而言，从无生命一直发展到被子植物。这个演变过程的植物在相应的地质年代中形成了大量的煤。就其在整个地质年代中，全球范围内有三个大的成煤期：

古生代的石炭纪和二叠纪，孢子植物是主要成煤植物。烟煤和无烟煤是主要煤种。

中生代的侏罗纪和白垩纪，裸子植物是主要成煤植物。褐煤和烟煤是主要煤种。

新生代的第三纪，被子植物是主要成煤植物。褐煤是主要煤种。其次为泥炭，也有部分年轻烟煤。

煤的类型有哪些

随着社会的发展和科学的进步，煤的用途愈来愈广泛，人们对煤的性质、组成结构和应用等方面的认识也越来越深入，根据煤的各种需要，及针对各种煤的侧重点，煤的分类有以下3种方法：

一、煤的成因分类。是按照成煤的原始物料和堆积环境分类；

二、煤的科学分类。是按照煤的元素组成等基本性质分类；

三、煤的实用分类。又称煤的工业分类，是按煤的工艺性质和用途分类。

我国和各主要工业国的煤炭分类均属于实用分类，在我国根据煤的煤化度，将所有的煤分为褐煤、烟煤和无烟煤三大煤类。又根据煤化度和工业利用的特点，将褐煤分成2个小类，无烟煤分成3个小类。

烟煤比较复杂，按挥发分可分为低、中、中高和高四个档次。按黏结性可分为不黏结或弱黏结煤、中等偏弱黏结煤、中等偏强黏结煤、强黏结煤4个或5个档次。各类煤的基本特征如下：

无烟煤。无烟煤密度大，硬度大，燃点高，固定碳含量高，挥发分产率低，燃烧时不冒烟。

贫煤。贫煤具有不黏结或微黏结性。在层状炼焦炉中不结焦。燃烧时火焰短，耐烧，是煤化度最高的一种烟煤。

贫瘦煤。贫瘦煤变质程度高、挥发分产率低、黏结性弱。结焦较典型、瘦煤差，单独炼焦时，生成的焦粉较多。

瘦煤。瘦煤是一种炼焦用煤，其挥发分产率低、黏结性适中。在炼焦时能产生一定量的胶质体。单独炼焦时，得到的焦炭块度大、裂纹少、抗碎性较好，但焦炭的耐磨性较差。

焦煤。焦煤的挥发分产率可分为中等和偏低两种。黏结性也可分为中等和较强两种。加热时焦煤能产生的胶质体热稳定性很高。单独炼焦时得到的焦炭块度大、裂纹少、抗碎强度高，耐磨性好。但单独炼焦时，产生的膨胀压力大，炼焦困难。1/3的焦煤是介于焦煤、肥煤、气煤三者之间的过渡煤，是新煤种，黏结性强其挥发分产率中高。单独炼焦能生成的焦炭熔融性较好、强度较高。

气肥煤。气肥煤的挥发分和胶质层都很高而且黏结性强，有的称为液肥煤。炼焦性能介于肥煤和气煤之间，单独炼时能产生大量的气体和液体化学产品。气煤的煤化度较浅。加热时能产生较高的挥发分子和较多的焦油。胶质体的热稳定性比肥煤低，可以单独炼焦。但焦炭多呈细长条而易碎，有较多的纵裂纹，因而焦炭的抗碎强度和耐磨强度均比其他炼焦煤差。

弱黏煤。弱黏煤是一种从低变质到中等变质程度的烟煤，其黏结性较弱。加热时，产生的胶质体较少。有的单独炼焦时，结成的小焦块强度很差，有的则只有少部分凝结成碎焦屑，炼焦率很高。

不黏煤。在加热时，不黏煤基本上不产生胶质体。而且煤的水分大，有的还含有一定的次生腐殖酸，含氧量较多，甚至高达10%以上。

长焰煤。长焰煤的变质程度最低，从无黏结性到弱黏结性的都有。其中最年轻的还含有一定数量的腐殖酸。贮存时易风化碎裂。煤化度较高的年老煤，加热时能产生一定量的胶质体。单独炼焦时也能结成的焦炭极其细小并且成长条形，但强度极差，炼焦率很高。

褐煤。褐煤的特点为：含水分大，密度较小，无黏结性，含氧量高。常达15~30%之间，并含有不同数量的腐殖酸。化学反应性强，热稳定性差，块煤加热时破碎严重。存放空气中易风化变质、破碎成块甚至成粉末状。发热量低，煤灰熔点也低。褐煤分为年轻褐煤和年老褐煤两小类。

煤的元素组成

煤的组成以有机质为主体，其元素有数十种之多，但通常所指煤的元素组成主要是碳、氢、氧、氮和硫五种元素。含量较少的元素，一般只当做煤中伴生元素或微量元素，而不作为煤元素的组成。

一、煤中的碳

碳元素是组成煤的有机高分子的最主要元素。因为煤是由带脂肪侧链的大芳环和稠环所组成的。而这些稠环的骨架是由碳元素构成的。同时，煤中还存在着来自碳酸盐类矿物——少量的无机碳。碳含量会随煤化度的升高而增加。在我国泥炭中干燥无灰其碳含量为55～62％；褐煤的碳含量就增加到60～76.5％；烟煤的碳含量为77～92.7％；直到高变质的无烟煤，碳含量已经达到88.98％。个别煤化度更高的无烟煤，它的碳含量多在90％以上，如北京、四望峰等地的无烟煤，碳含量高达95～98％。因此整个成煤过程，其实就是一个增碳的过程。

二、煤中的氢

煤中第二个重要的组成元素则是氢元素。除有机氢外，在煤的矿物质结晶水中，还含有少量的无机氢。如高岭土、石膏等都含有结晶水。在煤的整个变质过程中，氢含量随着煤化度的加深而逐渐减少。在无烟煤阶段就尤为明显。当碳含量由92％增至98％时，氢含量则由2.1％降到1％以下。通常是碳含量在80～86％之间时，氢含量最高。即在烟煤的气煤、气肥煤段，氢含量能高达6.5％。但在碳含量为65～80％的褐煤和长焰煤段，氢含量却多数小于6％。

三、煤中的氧

煤中第三个重要的组成元素是氧元素。它以有机和无机两种状态存在。有机氧主要存在于羧基、羟基和甲氧基等含氧官能团中，其含量将随着煤化度的加深而减少，甚至趋于消失。褐煤在干燥无灰基碳含量小于70％时，其氧含量可高达20%以上。烟煤碳含量在85%附近时，氧含量几乎都小于10%。当无烟煤碳含量在92%以上时，其氧含量都降至5%以下。无机氧则主要存在于煤中水分、硅酸盐、碳酸盐、硫酸盐和氧化物等中。

四、煤中的氮

氮是煤中唯一的完全以有机状态存在的元素。其含量比较少，一般约为0.5～3.0%。煤中被认为比较稳定的杂环和复杂的非环结构的化合物是有机氮化物，其原生物可能是动、植物脂肪。植物中的植物碱、叶绿素和其他组织的环状结构中都含有氮，而且相当稳定，在煤化过程中不发生变化，成为煤中保留的氮化物。几乎只在泥炭和褐煤中发现，以蛋白质形态存在的氨，在烟煤中几乎没有发现。煤中氮含量随煤的变质程度的加深而减少。并随着氢含量的增高而增大。

五、煤中的硫

煤中的硫分能使钢铁热脆、设备腐蚀，而且燃烧时生成的二氧化硫（SO_2）还会污染大气，危害动、植物生长及人类健康。所以，硫分是有害杂质，其含量是评价煤质的重要指标之一。无论是变质程度高的煤或变质程度低的煤，都存在着有机硫或多或少的煤。所以煤中含硫量的多少，似与煤化度的深浅没有明显的关系，但与成煤时的古地理环境却有着密切的关系。在内陆环境或滨海三角洲平原环境下形成的和在海陆相交替沉积的煤层或浅海相沉积的煤层，其中硫含量就比较高，且大部分为有机硫。有机硫主要来自成煤植物和微生物中的蛋白质。煤中的无机硫一般又分为硫化物硫和硫酸盐硫两种，它主要来自矿物质中各种含硫化合物，有时也有微量的单质硫。硫化物硫主要以黄铁矿为主，其次为白铁矿、磁铁矿等。硫酸盐硫主要以石膏为主，也有少量的绿矾。有机硫和无机硫是两种硫赋存形态，而两种形态的硫份总和就称为全硫份。

六、煤的工业分析

煤的工业分析也叫技术分析或实用分析，包括煤中水分、灰分和挥发分的测定及固定碳的计算。

水分在煤的基础理论研究中具有特殊的作用。并对其加工利用、贸易和贮存运输也有很人影响，所以水分是·项重要的煤质指标。根据煤中水分随煤的变质程度加深而呈规律性变化，从年轻无烟煤到年老无烟煤，水分逐

低挥发烟煤

褐煤

高挥发烟煤

次烟煤

无烟煤

△ 煤的元素组成

渐增加，而从泥炭、褐煤、烟煤、年轻无烟煤，水分又逐渐减少。锅炉燃烧中，水分高会影响燃烧稳定性和热传导；在炼焦工业中，水分高会降低焦炭产率，而且由于水分蒸发带走大量热量而延长焦化周期；煤的水分是一项重要的计质和计量指标。有时水分高反倒是一件好事，如在现代煤炭加工利用中，煤中水分可作为加氢液化和加氢汽化的供氢体。在煤质分析中，煤的水分是进行不同的煤质分析结果换算的基础数据。

在煤质特性和利用研究中另一项起重要作用的指标则是灰分煤中的灰分。由于在煤质研究中灰分与其他特性，如含碳量、发热量、结渣性、活性及可磨性等有不同程度的依赖关系，因此可以通过灰分来研究上述特性。还有煤灰是煤中矿物质的衍生物，所以可以用灰分来计算煤中矿物质含量。此外，由于煤中灰分测定简单，而在煤中它的分布又不易均匀，因此在煤炭采样和制样方法研究中，一般都用灰分来评定方法的准确度和精密度。并把它作为一项洗选效率指标运用在煤炭洗选工艺的研究中。根据煤灰含量以及它的诸如熔、黏度、导电性和化学组成等特性来预测煤的燃烧和汽化中可能出现的腐蚀、结渣等问题，并据此选择炉型并研究煤灰渣的利用。

煤的挥发分随着变质程度的提高，而逐渐降低。如煤化程度低的褐煤，挥发份产率为65～37％；变质阶段进入烟煤时，挥发份为55～10％；到达无烟煤阶段，挥发份就降到10％甚至3％以下。因此，挥发份煤的挥发份产率与煤的变质程度有着密切的关系。可以根据煤的挥发份产率大致判断煤的煤化程度。在我国煤炭分类方案以及美、英、法和国际煤炭分类、方案中都把挥发份作为第一分类指标。根据挥发份产率和测定挥发份后的焦渣特征可以初步确定煤的加工利用途径。如高挥发份煤，干馏时化学副产品产率高，适于作低温干馏或加氢液化的原料，也可作汽化原料；挥发份适中的烟煤，黏结性较好，适于炼焦。用挥发份在配煤炼焦中，确定配煤比，以将配煤的挥发份控制到适宜范围即25～31％。挥发份可以用来估算炼焦时焦炭、煤气和焦油等产率。可根据挥发份在动力用煤中，选择特定的燃烧设备或特定设备的煤源。挥发份在汽化和液化工艺的条件选择上，也有重要的参考作用。挥发份还在环境保护中，作为制定烟雾法令的一个依据。此外，挥发份与其他媒质特性指标如发热量、碳和氢含量都有较好的相关关系。可以利用挥发份计算煤的发热量和碳、氢、氯含量及焦油产率。

煤炭分类、燃烧和焦化中的固定碳是一项重要指标，煤的固定碳随变质程度的加深而增加。利用固定碳可以计算煤燃烧过程中，燃烧设备的效率，还可以把它运用在炼焦工业中，预计焦炭的产率。

什么是洁净煤技术

在国民经济发展中，煤炭作为能源起了重大作用，但煤炭资源的开发利用也带来了一系列负面影响，而且正危及生态平衡。煤燃烧时排放的污染物之一的二氧化硫遇水会成为"空中死神"——酸雨，它给人类的生产和生活带来了严重的危害，因此洁净煤技术，在各工业发达国家得到了高度重视与大力发展，成为当今世界解决煤炭利用和环境问题的主导技术。

洁净煤技术主要分为燃烧前的技术、燃烧中的技术和燃烧后的技术，其中包括煤炭利用各环节的净化技术。煤炭在燃烧前做净化处理，燃烧中和燃烧后再进行处理，是最经济和便捷的方法。燃烧前的处理主要有洗选处理、型煤加工和水煤浆加工。

煤炭的洗选处理分为：物理选煤、化学选煤、生物选煤。它可除去或减少原煤中所含的灰份、矸石、硫等杂质。虽然物理选煤的成本较低，但只能脱去煤中灰份的60%和30～60%的黄铁矿硫，却很难去掉其中的有机硫化物，而化学法和生物法可脱除90%的黄铁矿硫和有机硫。

型煤加工：是将粉煤用机械的方法制成具有一定粒度和形状的煤制品。一般烧型煤比烧散煤可节煤20～30%，烟尘和二氧化硫减少40～60%，一氧化碳减少80%。由于型煤加工技术简单、经济效益好，所以各种工业锅炉、工业窑炉、民用炉、冶金等诸多行业适用于型煤。型煤加工技术已经发展到第三代型煤生产：第一代型煤像民用的蜂窝煤和煤球它只是简单地将粉煤压块；第二代型煤是在成型时单项改变型煤的特性；第三代型煤是全面调整改变型煤的特性，从而使型煤多样化、专业化和系列化。目前我国已研究开发了二十多种专用型煤工艺，而型煤直接无烟燃烧技术、型煤高效固硫技术、低烟尘型煤技术等尚需进一步研发。

什么是煤炭汽化代油技术

有这样一个例子：自2001年以来，作为福建省泉州市五大支柱产业之一的建筑陶瓷业，遭到了空前的危机。由于国际市场石油价格迅速上涨，使得该市许多建筑陶瓷工厂开工不足，或迟迟不敢开工，而石油是这些陶瓷厂烧制陶瓷产品的主要能源，如此一来，使得它们的成本不得不提高，因此也就毫无利润可言。在大多数厂商束手无策的时候，人们注意到晋江市内坑镇的一家陶瓷厂却依旧如火如荼地生产着，并未显示出任何的萧条。是什么让他们独占鳌头呢？原来该厂商从改变燃料结构上下了大工夫，才得以使自己保持不败之地。

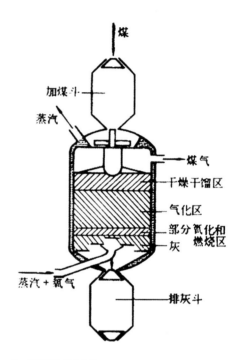

△ 煤炭汽化技术

他们实施了"以煤代油"的能源对策，但普通的煤，并不适合陶瓷厂使用的烧制炉窑。怎么办呢？厂商通过多方面的努力，了解到我国有关部门已发展了一套完善的将煤转化为可燃气的最新技术。经过一番周密的评估，该厂决定立即投入该项技术，并投资600万元添置了一种名为"两段式洁净煤气发生炉"的设备，实现了"以煤代油"的燃料结构变革，使燃料成本几乎下降了一半，因此利润空间也就大大提高了。这便是该厂"独善其身"的有利法宝。

煤炭汽化以后，使得煤炭资源的利用价值和利用率明显提高，而且也大幅度减少了煤炭利用过程中污染物的排放量，同时也方便了输送和后续利用以及进一步加工转化工作。另外，煤气不仅可以用作冶金行业的还原气，又可用作多种用途的燃料气，还可作化工合成工艺的原料气等。所以煤的汽化技术，在各国的"洁净煤技术"中都有着至关重要的地位，越来越受到人们的广泛重视。

煤的汽化技术在当今世界备受关注，但是在日益成熟的同时也存在一些不足之处。煤本身是一种极为复杂的矿石资源，它分为烟煤、无烟煤、褐煤等不同的类型，不同的煤在同一条件下被汽化常常会收到截然不同的汽化效果。每种汽化工艺所使用的汽化炉设备，在实际应用中都有一定的局限性。从综合技术和经济两方面来考虑，到目前为止，世界上还找不到一个"万能"汽化炉来适合各种原料煤、各种煤气用途以及各种生产规模。

怎样才能更好地发展煤汽化技术呢？专家们进行了充分的规划研究，认为首先应该以原料煤为基础，同时以煤气的用途为前提，并以拟议中的生产规模为判断依据，合理地选择汽化工艺和汽化炉，而且还应以煤汽化技术为中心，将多种煤炭转化技术优化组合在一起，从而获得多种高价值的化工产品（如合成氨、脂肪烃、芳香烃等）和多种清洁能源（气体燃料、液体燃料、电等）。这样，既实现了煤炭资源价值的提升，又达到了煤炭利用率和工程经济效益的最大化和洁净化，从真正意义上实现了"洁净煤技术"的要求。

瓦斯是植物在地下经过亿万年转化为煤的过程中分解释放出的一种产物。煤化变质程度越高，释放出来的瓦斯也就越多。每形成一吨褐煤，可释放瓦斯38～68立方米，而形成一吨无烟煤则可释放瓦斯340～422立方米。在煤化过程中所释放出来的瓦斯，大部分都逸散到了大气和周围的土壤中，当煤层较浅或有露头时，瓦斯更容易逸散。但也有一部分瓦斯却以煤层本身作为寄居地，并以吸附或游离状态藏于煤层的孔隙、裂隙或缝隙当中。瓦斯的数量与煤的牌号和煤层的深度、温度、压力以及裂隙的发育程度和顶底板岩层的渗透性等因素有关。一些埋藏深、顶底板封闭条件较好的煤层，平均每吨煤中含瓦斯可达几十立方米。因此当矿井一旦开采，压力便会降低，煤层受到震动，原先聚集在煤层中的瓦斯便有可能释放出来。若井下通风不好，释放出来的瓦斯达到一定浓度，就会发生瓦斯爆炸。2004年11月28日，陕西省铜川地区的陈家山煤矿就发生过剧烈的爆炸，当时在井下工作的共有293人，除127人获救外，166人都不幸遇难。事后人们采取了各种防护措施，但是井内瓦斯浓度依然很高，在12月2日3时25分到10时53分的抢救工作中，又相继发生了4次爆炸，幸运的是由于防护措施到位，并没有出现新的人员伤亡。但由于矿井下复杂的险情，使得抢险指挥部不得不改变方案，采取封井、向井下局部灌水、通风、灭火等善后措施。

瓦斯对采矿来说显然是一个致命杀手，但如果处理得当便可以使它变害为利。瓦斯的化学组成与天然气十分相似，是一种理想的能源和化工原料。具有高效、优质、清洁、少污染的优点。每立方米瓦斯能产生35.5千焦的热量，比1千克标准煤燃烧所释放的热量还要高，而且瓦斯比煤等其他矿石能源更易开采。此外，它还是制造有机化学品和炭黑的原料，也是提取氢的主要原料。美国国家矿业局估算过，在美国已开采的煤矿中，可能含有高达200万亿立方英尺的瓦斯。就目前的能源消耗来看，如果利用其中的一半就满足了美国20年的能源需要。

据我国国土资源部的初步估算，埋藏在深度浅于2000米以上的瓦斯资源量为30～35万亿立方米（相当于美国的3倍），与我国天然气资源量不分上下，而且其中的2/3分布在我国的中、东部地区。这天赐的财富为中东部地区作出了巨大的贡献。目前开采瓦斯，有两种方法：一种是在还未开采煤矿的地方进行提前瓦斯开采。与天然气的开采方法极为相似。如果煤层渗透率较低，那就需要进行井下爆破、水压激励等方法来提高产量；另一种是在已开采煤矿的矿区内用地面钻井抽取采空区的瓦斯。由于采煤时会引起上覆煤层的岩层下沉与煤裂，采空区上方岩石冒顶，压力得以释放，透气性从而增加，瓦斯便会大量释放和聚集在采空区，这样更便于瓦斯开采。

20世纪70年代末，我国就开始利用瓦斯。1982年，矿井瓦斯利用工程正式纳入我国节能基本建设投资计划。到目前为止瓦斯利用工程已有六十多个，本世纪初瓦斯年利用量高达5亿吨左右。就目前来说，我国瓦斯的开采主要依靠井下抽放系统，地面井回收的瓦斯还没有形成规模。因此瓦斯的开采还有待于进一步完善。

我国的瓦斯利用率还处于一个很低的水平，已开采利用的瓦斯与富足的资源总量相比，可以说是少之甚少。因此我国应努力加大瓦斯的开采力度，从而使我国的能源开发朝更高的目标迈进。

煤矸石的综合利用技术

煤矿在采煤与洗、选煤过程中剔除出来的固体废弃物被称为煤矸石。产生这种煤矸石的原因是由于在成煤过程中除了有大量植物残渣沉积外，还会有来自周围环境的泥沙。成煤后泥沙便成了煤中的灰份。灰份越低，煤越优质，优质煤一般不超过10%，当碳含量只有20～30%或更低，而灰份含量超过60～70%时便成为煤矸石。由于煤层中碳与灰份的分布很不均匀，所以大多数煤层中都会或多或少夹杂有煤矸石，因此在采煤、洗煤过程中，都会有这种非煤的煤矸石被剔除出来。久而久之，这些被抛弃的煤矸石便会越积越多。

大量堆积的煤矸石会引起重力失衡，从而导致垮塌事故，同时也会给环境带来意想不到的伤害。2004年6月5日，重庆市万盛区万东镇东源煤矿突然垮塌。据居民回忆，当时听到一声巨响，接着地面发生了轻微的震动。附近是8栋2层居民楼全部被汹涌的泥石流摧毁和掩埋了。这次事故的罪魁祸首就是煤矸石。

煤矸石中含有一定量的硫铁矿，很容易被氧化而发热，导致煤矸石发生自燃，从而产生多种有害气体，如CO、CO_2、SO_2、H_2S等。这些气体再排向大气中给人类的健康带来威胁。再则暴露在环境中的煤矸石遭受风雨浸渍，其中的某些成分被水溶解，扩散到周围环境，使水源受到污染，从而危及农作物和水生生物，最终人类健康受到危害。此外，人们发现有些煤矸石还具有较高的放射性。若任意堆放，后果将不堪设想。

为了变废为宝，科学家研制开发了煤矸石的综合利用技术。目前，煤矸石资源利用量较多的是被用于生产建筑材料。

一、煤矸石制砖

煤矸石作为煤矸石砖的主要原料，一般会占到坯料质量的80%以上，有的甚至全部以煤矸石为原料，而有的则掺入少量黏土。经破碎、粉磨、搅拌、压制、成型、干燥、焙烧等几道工序后，就制成了煤矸石砖。在焙烧过程中也不需要再加入其他燃料。质软、易粉碎的泥质和碳质煤矸石都是生产煤矸石砖的理想原料。1千克煤矸石的发热量要求为2100～4200KJ/kq，过低了需要加煤，过高了又会使成砖过火。煤矸石的粉磨工序要求较高，<1毫米的颗粒需占到75%以上。同时还有其他一些标准要求。用煤矸石粉料压制成的坯料塑性指数应在7～17之间，成型水分一般为15～20%，强度一般为4.80～4.71兆帕，抗折强度为2.94～4.90兆帕，要高于普通黏土砖。用煤矸石作烧砖内燃料制砖与用煤作内燃料制砖唯一不同的就是需要增加煤矸石粉碎工序。

二、煤矸石生产轻骨料

将煤矸石破碎、磨粉之后制成颗粒状，然后进行焙烧，再将颗粒状煤矸石送入回转窑，预热后进入脱碳段，料球内的碳开始燃烧，接着进入膨胀段，最后经冷却、筛分出厂。这种方法被称为成球法。而非成球法是先将煤矸石破碎成5～10毫米的颗粒，直接焙烧。其工艺流程为：将破碎后的颗粒铺在烧结机炉排上，料层中部温度烧至1200℃，底层温度低于350℃时煤矸石被点燃。烧结好的轻骨料经喷水冷却、破碎、筛选出厂，而未被点燃的煤矸石经过筛选又被送回重新进行烧结。

三、煤矸石生产空心砌块

煤矸石还可被用于生产空心砌块，它主要是通过自燃或人工煅烧煤矸石为骨料，以磨细的生石灰和石膏黏合，经转动成型、蒸汽养护等工序制成墙体材料，产品标号可达200号。

四、煤矸石作原燃料生产水泥

用煤矸石代替黏土和部分燃料生产普通水泥能提高熟料质量，这是因为煤矸石和黏土的化学成分十分相似，并能释放一定的热量。配入煤矸石配料的生料活化能比黏土明显降低了许多，用很少的煤便可以提高生料的预烧温度，而且煤矸石中的可燃物也有利于硅酸盐等矿物的熔解与形成；此外煤矸石配制的生料表面能很高，有助于硅铝等酸性氧化物对氧化钙的吸收，同时也加快了硅酸钙等矿物的形成。

以煤矸石作为原燃料生产水泥与以普通燃料生产水泥相比，在生产工艺上大同小异。其工艺流程为：先将原燃料配合成一定比例，研磨成生料，然后燃烧使其部分熔融，得到熟料，该熟料的主要成分为硅酸钙，接着再加入适量的石膏和混合材料，磨成细粉便可生成水泥。

石油的组成

　　石油是一种化石燃料，它的形成源于亿万年前在海洋或湖泊中的生物经历了漫长的演化。石油又被称为原油，这种棕黑色的可燃性黏稠液是从地下深处开采出来的。石油的密度为每立方厘米0.8～1.0克，黏度范围很宽，凝固点差别也很大（30～60℃），沸点范围为常温到500℃以上，可溶于多种有机溶剂，不溶于水，但与水混合可形成乳液状。不同产地的石油中，各种烃类的结构和所占比例有很大不同，但主要属于烷烃、环烷烃、芳香烃三类。人们将以烷烃为主的石油称为石蜡基石油；将以环烷烃、芳香烃为主的石油称为环烃基石油；介于两者之间的则被称为中间基石油。我国石油的主要特点是含蜡多，凝固点高，含硫量低，镍、氮含量适中，钒含量少。

　　从地下采出来的石油，是一种颜色很深的黏稠液体，被称为原油。原油的颜色因其产地的不同而不同。大庆出的原油呈黑色；玉门出的原油呈绿色；而克拉玛依出的石油却呈褐色。

　　这是什么原因呢？原来是原油中的胶质和沥青含量不同，含量越多颜色就越深。原油还带有各种特殊的气味，这是因为里面含有一些特殊的成分。如果原油里面含有硫化氢，那么它便会散发出一股臭鸡蛋味。大多数原油都可以浮在水面上，因为原油的"体重"比较轻，密度只有水的2/3；只有极少数比水重。

　　原油是由什么元素组成的呢？经分析发现，它的主要元素是碳和氢。其中碳元素占到2/3左右，氢元素占到1/10左右，同时还含有极微量的硫、氧、氮等元素。碳和氢可以形成多种化合物，按其原子数排列的不同可分为甲烷、乙烷、丙烷、丁烷、戊烷、己烷、庚烷、辛烷、壬烷、癸烷、十一烷、十二烷等。石油就是由这些化合物组成的。

　　由于组成石油的各种化合物性质不同，所以不能直接使用。为此，科学家们决定用分馏的方法将它们分开。

△ 石油的组成和成分

　　甲烷、乙烷、丙烷、丁烷在常温下呈气体状态，通过蒸馏，它们会从蒸馏塔顶跑出来。

　　当加热到40～150℃时，戊烷、己烷、庚烷、辛烷、壬烷等化合物就会从蒸馏塔顶部流出，它们在这个温度下呈液态。这部分液体油被称为汽油。

　　当温度为300℃时，癸烷、十一烷至十五烷等化合物的混合物就会从蒸馏塔中部流出。这部分化合物也呈液态，被称为煤油。

　　当温度在200～300℃范围内，则会在蒸馏塔下部流出另一种液体。这种液体的成分包括十一烷至二十烷等，被称为柴油。

　　继续加温，从300℃开始，就会在蒸馏塔底部流出一种沸点很高的液体来，这种液体是由十六烷至四十五烷等化合物组成的，被称为重油。因为重油的沸点很高，所以到400℃时也不蒸发，所以普通的加热方法在它身上便不起作用了。因此科学家采用减压加热法，使重油又"分家"了，又得到了柴油、润滑油、石蜡、沥青等许多有用的东西。

用途广泛的汽油

石油代替煤作燃料，是一次突破性的飞跃。

蒸汽机的出现标志着第一次工业革命的崛起。煤作为它的燃料被当之无愧地授予"燃料皇后"的称号。

1860年，法国发明家勒努瓦发明了内燃机，它是一种不同于蒸汽机的新式动力机。它的燃料也由煤变成了油。

1876年，德国制成了第一台四冲程内燃机。1885年，内燃机又迈向了更高的台阶，德国工程师克莱斯勒和卡尔·本茨将内燃机运用到了车子上，造出了一种新的交通工具——汽车。这种汽车一经问世，便击败了用蒸汽机带动的蒸汽车。

不久后内燃机又被科学家运用到飞机上。由于这种使用内燃机的飞机的发动机带有汽缸和活塞，活塞的运动带动飞机的螺旋桨旋转。因此这种飞机被称为活塞式飞机。

这些内燃机"喝"的都是汽油。一辆解放牌汽车，每年喝掉的汽油大约有40吨。大约从20世纪50年代开始，石油便取代了煤的位置，成为动力的主要能源。到了20世纪70年代，石油的用量已上升到总能源的78%，而煤的用量却下降到17%，仅1972年，西欧几个国家就消耗了7亿多吨石油。

汽油是石油中消耗量最大的一种。汽油有许多种型号，它们是用数字来标记的，如"85号"、"70号"、"66号"、"56号"等。那么这些标号代表什么意思呢？

原来，汽油在发动机汽缸里燃烧时，会发生爆裂现象，使汽缸发颤而损坏。科学家发现这与汽油的成分有关。

汽油成分中，异辛烷抗爆性最好，而庚烷最差。科学家规定，如果某种汽油的抗爆性与异辛烷相同，那么它的性能最好，其型号就定为"100号"。

其他依次规定为"95号"、"91号"、"85号"……"56号"等。号码越高，抗爆性越好，汽油的品质也就越好。因此标号较高的汽油适用于性能较好的车。如小轿车用"85号"、大轿车用"70号"、卡车用"66号"、摩托车用"56号"等。活塞式飞机的发动机也烧汽油，但由于飞机比汽车的要求要高，所以用的汽油标号也就更高。如教练机可用"70号"，然而更好的飞机就要用"91号"和"95号"了。

现在又推出一种无铅汽油。原先，一般汽车所用的汽油中都含有铅。因为铅可以提高汽油的抗爆性。提高抗爆性的方法，除了提高汽油中的异辛烷值以外，还可以往汽油中加入一种叫四乙基铅的"铅水"。它是一种含铅的无色油状液体，将它加到汽油中虽然可以提高汽油的抗爆

△ 在1867年的巴黎世博会上，德国工程师奥拓展示了自己的"内燃机"

性，但却带来了很多其他危害。目前使用的汽油，每公升汽油的含铅量约为0.5克。虽然含量很少却有毒，如果直接接触它，会有明显中毒症状。更严重的是，它燃烧后会造成严重的空气污染。据上海市调查，1996年的铅污染比1986年整整高出1倍。而这种污染的86.6%来自机动车的燃料。因此，无铅汽油越来越受到人们的青睐。其实我们所说的无铅汽油并不是完全不含铅，而是将每公升汽油的含铅量控制在0.13克以下。

为了提高汽油的抗爆性，降低含铅量，我们必须增加汽油中的异辛烷值，或利用最新的催化技术，将汽油中的其他碳氢化合物转化成异辛烷。虽然这样汽油的价格会高一些，但可以减少对机动车的损害，此外还可以省油，更重要的是可以减少环境污染，所以要加强这方面的研究。

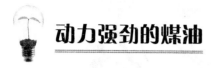

动力强劲的煤油

石油家族中的煤油，在日常生活中仍然发挥着重要的作用。它是最早被人们用来照明的。

当电灯还未发明之前，许多地方的照明用的都是煤气灯。在电影中经常会出现这样的镜头：带有玻璃罩的煤油灯给古老城市的人们带来了点点光明。

为什么不用汽油去点灯呢？大家都知道汽油的脾气太暴躁。它一遇火便会猛烈地燃烧起来，别说点灯，就连整个灯架都会被它烧毁。严重的话还会引起火灾。

那么，用重油去点灯可以吗？事实证明根本行不通。因为重油着火点很高，因此用它点灯实在是太费事了。

煤油的"性格"比较温顺，着火点不高，很方便点燃。而且燃烧起来也不火暴，柔和得像古老的菜油灯一样，因为菜油比煤油贵，所以很快便被煤油灯取代了，在城市和许多乡村中一度很流行，直到电灯的出现。

难道从此以后煤油就没有用武之地了吗？于是有人想用它作内燃机的燃料，然而它太"温和"了，根本就无法带动内燃机工作，因此只能以失败而告终。

后来，人们发现早期的内燃机存在许多不足之处。工作原理与蒸汽机十分相似，是靠活塞的往复运动，带动曲柄和连杆，变成旋转运动，非常麻烦。

于是，有人开始想如果取消活塞和汽缸，让燃气直接推动叶片旋转，那样内燃机会工作吗？

1872年，德国工程师希托首先设计出了热空气式轮机，并获得了专利。

1906年，法国工程师阿孟高和列马里共同完成了一台试验性的燃汽轮机。到20世纪30年代，实用的燃汽轮机终于出现了。

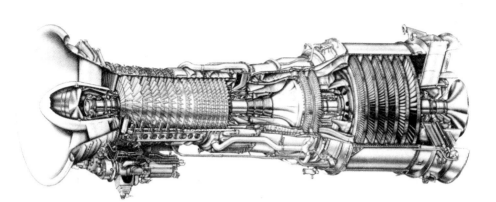

△ 燃汽轮机结构示图

1928年，英国科学家惠特尔提出，用燃气涡轮机的喷气去推动飞机，并且构思出涡轮喷气式发动机的想法。1941年5月14日，喷气式发动机在英国试验成功。

喷气式飞机从此取代了活塞式飞机，使航空事业进入了一个新领域。有趣的是，活塞式飞机的发动机烧的是汽油，而在喷气式飞机上烧的竟是煤油。

因为喷气式发动机和活塞式发动机结构不同。喷气式发动机里没有活塞和汽缸，因此不存在汽缸的损坏问题，也就不需要用含"异辛烷"值高的汽油那样的燃料了。另外，喷气式发动机要求燃料在燃烧室内猛烈燃烧，产生喷气从而推动飞机飞行。然而最关键的一点是燃料的发热值要高。发热值越高，燃料的密度也就越大，飞机上容积有限的燃料箱里能贮存的燃料也就越多。而从150～250℃分馏出来的煤油正符合这些要求。因此，用它作喷气式发动机的燃料再合适不过了。

煤油不仅成了喷气式飞机的理想燃料，而且还是一种新型汽车的所需燃料，这种汽车被称为喷气式汽车。苏联的莫洛托夫汽车工厂曾研制出一种喷气式赛车，它就是以普通煤油作燃料，时速竟然达到每小时300千米。

不可小视的"固体石油"

腐泥煤、油页岩、沥青质页岩，都是含油率较高的可燃性有机岩，是提炼石油和化工产品的宝贵原料，被誉为"固体石油"。

这些固体石油，特别是油页岩，据估计，在全世界的储量大大超过石油，并且有可能超过煤炭。在能源十分短缺的今天，世界各国已经开始研究如何利用的问题。美国、俄罗斯等许多国家纷纷进行各种实验，以取得加工利用的科学数据。德国坚持综合利用的方针，建立了一个油页岩-水泥联合企业，他们以油页岩作燃料，生产水泥并发电，虽然生产规模不大，但是在经济上已经赢利。

腐泥煤呈黑色，沥青光泽，条痕褐棕色，致密块状，断面具有明显的贝壳状，或弧形带状断口，比较坚硬，有较强的韧性，密度很小，拿在手上有轻飘飘的感觉。能划着安全火柴，又能用火柴点燃。燃烧时冒黑烟，红色火焰，有轻微的沥青臭味。显微组分有藻类体、沥青渗出体、小孢子体、角质和镜质体微细条带和丝质组的碎片。在化学成分上氢的含量较高，挥发性和焦油产率也较高。我国山西蒲县东河的腐泥煤一般含油率为8～24%，最高达32%，属藻煤和烛藻煤。

油页岩是一种含碳质很高的有机质页片状岩石，可以燃烧。油页岩的颜色较杂，有灰色、暗褐色、棕黑色，密度小，一般为1.3～1.7千克/m3。无光泽，外观多为块状，但经风化后，会显出明晰的薄层纹理。坚韧而不易碎裂，用小刀削，可成薄片并卷起来。断口比较平坦，含油很明显，长期用纸包裹油页岩时，油就会浸透到纸上来。用指甲刻画，富于油泽纹理，用火柴可以点燃。燃烧时火焰带浓重的黑烟，并发出典型的沥青气味。油页岩的矿物成分由有机质、矿物和水分组成。在有机质中一般含碳60～80%、氢8～10%、氧12～18%，还有硫、氮等元素，是一种富氢的碳氢化合物。矿物质中含有硅酸铝、氢氧化铁和少量的磷、铀、钒、硼和锗等。1千克油页岩燃

烧可产生8000～1.2万焦耳的热量，干燥油页岩的发热量约为1.6万焦耳。3千克油页岩相当于1千克煤的发热量，5千克油页岩燃烧所产生的热量相当于1千克石油。因此，油页岩主要用来提炼石油和化工原料。

沥青质页岩为暗黑色，沥青光泽，页理不发青，有一定的韧性，锤击后易留下印块而不易破裂。不易点燃，燃烧时冒黑烟，有沥青臭味。含油率不高，一般为3～5％。

全世界已探明的油页岩和沥青页岩矿藏含油4400亿吨，相当于7084亿千克标准煤。

油页岩的工业利用途径有两个：一是炼油、化工利用；二是直接燃烧产气发电。

炼油、化工利用，是将油页岩进行干馏，制取页岩油和副产物硫酸铵、吡啶等。页岩油进一步加工，则可生产汽油、煤油、柴油等轻质油品。油页岩直接燃烧，是将其在专门设计的锅炉中燃烧产气发电，油页岩干馏炼油残留的页岩灰和油页岩燃烧生成的页岩灰，均可用作水泥等建筑材料的原料。

一般认为，油页岩是低热值燃料，油页岩炼油厂或油页岩电站的投资大。据估计，年产百万吨页岩油，从油页岩开采、干馏到加工成油，需投资8亿元；同时，生产费用高，利润少，甚至有亏损。但是随着国际石油危机的到来，以及石油价格的猛涨，同时由于油页岩综合利用的进展，尽管投资较大，大规模开发在经济上仍不失其应有的价值。

迄今为止，世界上用油页岩生产页岩油的，只有中国、苏联和美国等国家。

1978年苏联油页岩产量达3500万吨，其中20％用于生产页岩油，以及副产酚类、硫黄、芳烃等化工产品，还有民用煤气。当时苏联在发展天然石油和煤炭生产的同时，也继续发展油页岩的生产，并将其作为一种重要的地区性燃料，主要用于发电，其次作为干馏炼油和造气。虽然油页岩电站的投资比其他燃料高，但发电成本低，因为在当地油页岩比煤和天然石油便宜，因此认为经济上是有利可图的。

而美国，主要是利用油页岩干馏制取页岩油，再加氢制取汽油、柴油等轻质油品。美国估计建造一座年产100万吨页岩油的工厂，包括油页岩的开采及干馏炼油和页岩油加工成轻质品，投资高达10亿美元。因而美国迟迟未下决心进行工业化生产。随着国际天然石油价格的不断上涨和国际形势的变化，现已在科罗拉多州投资30亿美元建设第一座页岩油厂，已于2005年生产车用汽油。

目前我国油页岩年产量约1000万吨，主要用于干馏生产页岩油。抚顺（辽宁）和茂名（广东）的油页岩均为露天开采，其开采工艺是采用钻孔、爆破、电铲采装、铁道运输的方法。占用人力较多，但投资较少。尤其是抚顺，油页岩位于煤层之上，是采煤时顺便开采的副产品，因此油页岩的价格较低；再加上我国注意油页岩的干馏产物综合利用，所以成本低于国际天然石油的价格。如果将页岩油加工后制成汽油、煤油、柴油等轻质油品，则在经济上更为有利。目前，我国页岩油工业已引起世界上许多国家的关注。近年来，欧洲、美国和日本都加强了在加氢高压下，利用溶剂热解油页岩的研究。联合国也开始开展油页岩的利用和国际合作。

由于化石能源是不可再生的能源，它的储量是有限的，用一点就少一点，同时也由于国际天然气石油价格的不断上涨，所以用油页岩炼油是一种重要的常规能源的补充来源，同时可制取硫酸铵和酚类等化工产品，页岩灰还可制造水泥等建筑材料。因此，油页岩是一种多用途的资源，合理地综合利用油页岩将会促进国民经济的发展。因而在世界范围内，发展油页岩和煤炼油的呼声日益高涨。

2000年，美国投资了250亿美元作为发展合成燃料的资金，为其每年生产9000万吨用煤炼制的油和页岩油打下经济基础，这说明美国的油页岩和煤炼油事业正从工业试验转入大规模生产。俄罗斯目前油页岩的开采量已达到7000万吨，澳大利亚每年生产页岩油1500万吨，摩洛哥为700万吨，巴西为250万吨。总之，从世界范围来看，油页岩工业在今后会有较大的发展，它将是常规能源的一种重要的补充能源。

什么是天然气

从广义的定义来说，天然气是指自然界中天然存在的一切气体，包括大气圈、水圈、生物圈和岩石圈中各种自然过程形成的气体。而人们长期以来通用的"天然气"的定义，是从能量角度出发的狭义定义，是指天然蕴藏于地层中的烃类和非烃类气体的混合物，主要存在于油田气、气田气、煤层气、泥火山气和生物生成气中。天然气又可分为伴生气和非伴生气两种。伴随原油共生，与原油同时被采出的油田气叫伴生气；非伴生气包括纯气田天然气和凝析气田天然气两种，在地层中都以气态存在。凝析气田天然气从地层流出井口后，随着压力和温度的下降，分离为气液两相，气相是凝析气田天然气，液相是凝析液，叫凝析油。

天然气是一种多组分的混合气体，主要成分是烷烃，其中甲烷占绝大多数，另有少量的乙烷、丙烷和丁烷，此外一般还含有硫化氢、二氧化碳、氮和水汽，以及微量的惰性气体，如氦和氩等。

天然气的用途广泛。

一、发电。天然气发电是缓解能源紧缺、降低燃煤发电比例，减少环境污染的有效途径，且从经济效益看，天然气发电的单位装机容量所需投资少，建设工期短，上网电价较低，具有较强的竞争力。

二、制造化肥。天然气是制造氮肥的最佳原料，具有投资少、成本低、污染少等特点。天然气占氮肥生产原料的比重，世界平均为80%左右。

三、居民生活用燃料。随着人民生活水平的提高及环保意识的增强，大部分城市对天然气的需求明显增加。天然气作为民用燃料的经济效益也大于工业燃料。

四、代替汽车用油。以天然气代替汽车用油，具有价格低、污染少、安全等优点。

天然气的主要优点有哪些

天然气是较为清洁、安全、经济的燃气之一，具体说来主要有以下优点：

绿色环保。天然气是一种洁净环保的优质能源，几乎不含硫、粉尘和其他有害物质，燃烧时产生二氧化碳少于其他化石燃料，造成温室效应较低，因而能从根本上改善环境质量。

经济实惠。天然气与人工煤气相比，同比热值价格相当，并且天然气清洁干净，能延长灶具的使用寿

△ 天然气清洁、安全、经济

命，也有利于用户减少维修费用的支出。天然气是洁净燃气，供应稳定，能够改善空气质量，因而能为该地区经济发展提供新的动力，带动经济繁荣及改善环境。

安全可靠。天然气无毒、易散发，比重轻于空气，不宜积聚成爆炸性气体，是较为安全的燃气。

天然气汽车有哪些优势

汽车用天然气的主要成分是甲烷，其余为乙烷、丙烷、丁烷及少量其他物质，其特点与液化石油气类似，热值高、抗爆性能好、着火温度高。另外，还有混合气发火界限高，适于稀燃的性能。由于压缩天然气在汽车上与空气混合时同为气态，与汽油、柴油相比，混合气更均匀，燃烧也更完全。因此，天然气汽车比使用普通燃料，如汽油或柴油汽车的一氧化碳排放量要低得多。但是，压缩天然气汽车的甲烷排放量增加。甲烷是一种温室气体，它对大气的加热潜力比二氧化碳高30倍之多。

天然气汽车将为您节省大笔燃料费用。据北京、四川和新疆等地的情况调查，一辆公交大巴车由汽油车改用天然气后每年可节省燃料费20000元以上；一辆出租车改用天然气后每年可节省燃料费10000元以上。

近20年以来，由于世界各大城市环境污染情况越来越严重，而污染的来源又大多来自汽车的废气排放，天然气等气体燃料作为一种"清洁燃料"得以较快地发展。另外，也由于考虑到世界的石油储量、能源危机等，都促使各国试行使用代用燃料，尤其是石油资源少而气源比较充裕的国家，纷纷选择以天然气等作为汽车燃料。许多国家在发展天然气等气体燃料汽车方面投入了巨大的精力，进行了大量的开发工作，并已具备了较为成熟的技术。但是总的来说，天然气汽车目前处于发展、推广阶段。据不完全统计，全世界的气体燃料汽车约有505万辆。其中天然气汽车约为105万辆，主要分布在阿根廷、意大利、俄罗斯、美国、新西兰、加拿大、巴西等国家。

水能利用概述

　　水能利用是水资源综合利用的重要环节。众所周知，江河水流是国家宝贵的自然资源。水力发电、农田灌溉、治涝防洪、水路航运、水产养殖、工农业用水及民用给水、旅游与环境保护等都与水资源密切相关。因此水资源的利用（即通常所说的水利开发）就是要充分合理地利用江河水域的地上和地下水源，以获得最高的综合效益。

　　由于各用水部门自身的特点，对水资源的开发利用各有不同的要求。例如水力发电、农田灌溉、防洪及渔业都要求集中水体，大都需要建造水库，但它们的要求又各有区别。农田灌溉耗水量大，若从上游引水，会减少发电用水流量；若从下游引水，虽可先发电后农灌，但控灌范围又会受灌区高程的限制，且两者的需水量和用水时间也有不同。又如防洪要求水库有较大容量，每年汛期前应尽量放低水库水位，以容纳汛期到来的洪水。如此一来，势必影响汛期前的发电和农灌。另外，水库大坝的高程也受诸多因素的影响。例如，三峡大坝越高，库容越大，不但可以获得更大的发电能力，还能改善长江上游的航运条件，扩大坝上地区的农灌面积，提高长江下游的防洪标准。但大坝越高，淹没的土地越多，需要移民的人数也越多。此外，还有鱼类洄游及船只过坝等诸多问题。因此，对水能的开发利用必须全面规划，统筹安排，使发电、防洪、灌溉、航运、供水、旅游、水产等协调发展。

　　水能利用是一项系统工程，其任务是根据国民经济发展的需要和水资源条件，在河流规划和电力系统规划的基础上，拟订出最优的水资源利用方案。河流规划的主要任务是通过对河流自然条件、流域社会经济情况的勘察、探测和分析研究，提出河流的水电开发方案。电力系统规划的主要任务是根据远景电力负荷的增长和分布、能源资源的开发规划以及建厂的自然条件，全面安排电力系统的电源布局及电网结构。

　　河流的开发应根据河段的地形、地质及水文等自然条件采用不同的水能利用方式。堤坝式是在河流地形地质条件适宜的地方建拦河坝，抬高上游河段的水位，形成水库，与下游天然水位形成落差，即可引水发电。引水式是在坡度较陡的河段及河湾两端河床高程相差较大的地方利用引水道引水，与天然水面形成落差，用以发电。混合式电站水头的取得，一部分是利用拦河坝提高水位，一部分是利用引水道集中水头。梯级开发的方式通常用于某河段由于落差过大或淹没损失过多，集中开发方式在技术、经济上不合算时，才根据具体条件进行分级开发。

水库径流调节是水能利用中的一个重要方面，它是利用水库控制和调节径流，在时间上进行重新分配，以满足国民经济各用水部门的需要。一般将为了削减洪峰而进行的调节称为洪水调节；将为发电、灌溉、供水等目的而进行的调节称为径流调节。洪水调节是在水电站上游发生洪水时，通过一定的泄洪设施将洪水宣泄到下游，既保证了水库和水电站的安全，又使泄洪量不超过下游河道的安全流量，保护了下游城镇、工矿企业和农田的安全。因此，负有调洪任务的水电站必须具备足够的调洪库容和与之配套的泄洪设备。径流调节则可按调节的周期长短分为日调节、周调节和年调节；或按库与库之间的关系分为补偿调节和缓冲调节。

水力发电是将水能直接转换成电能。水电站主要是由水库、引水道和电厂组成。水库具有储存和调节河水流量的功能。拦河筑坝形成水库，以提高水位，集中河道落差，是水电站发电的必备条件。水库工程除拦河大坝外，还有溢洪道、泄水孔等安全设施。引水道的主要功能是传输水量至电厂，冲动水轮机发电。电厂则主要由水轮发电机组及相应的控制设备和保护装置、输配电装置等组成。

我国早在4000年前就开始兴修水利。至春秋战国时期，水利工程已有相当规模，建设水平也比较先进。但现代化的水电建设却起步很晚，直到1910年才开始在云南滇池修建第一个水电站——石龙坝水电站，装机容量472千瓦。到1949年年底，全国水电装机容量也仅为16.3×10^4千瓦，占全国总装机容量的8.8%，当时水电装机容量居世界第20位。经过六十多年的发展，我国水电事业突飞猛进，至2000年年底，全国装机容量达到7935×10^4千瓦，占全国总装机容量的24.8%，已仅次于美国，跃居世界第二。

可以预计，21世纪是中国水电大发展的世纪，西部大开发和西电东送的战略任务将促进我国水电事业的腾飞，中国水电技术也将因此而迅猛发展。

水力发电有哪些优势

与火力发电相比，水力发电有以下的特点：

一、水力发电的发电量易受河流的天然径流量的影响。这是因为河流的天然径流量在年内和年际间常有较大的变化，水库的调节能力常不足以补偿天然水量对水力发电的影响。因此水电站在丰水年发电多，在枯水年发电少。

△ 水力发电

这种发电量受自然条件的制约是水力发电的最重要的特点。为了克服水力发电出力的变化，电网中必须有一定数量的火电厂与之配套。

二、电站在运行中不消耗燃料，天然经流量多时，发电量大，但运行费用并不因此增加。此外水电站厂用电少，根据这一特点对电网而言，应让水电机组在丰水期多发电，以节约火力发电煤耗，提高电网的经济性。

三、水电机组启停方便，机组从静止状态到满负荷运行仅需几分钟。因此宜在电网中担负调峰、调频、调相任务，并作为事故备用电源。

四、水电站主要动力设备简单，辅机数量少，易于实现自动化。因此运行和管理人员少，运行成本低。

五、电站因不消耗燃料，没有有害气体、粉尘和废渣排放。

为什么要积极加强小水电站建设

兴建小型水电站是解决我国以及其他发展中国家农村和边远地区能源问题的重要途径。所谓小水电资源，通常是指装机容量在2.5×10^4千瓦以下的水电资源。根据普查，我国小水电站的理论蕴藏量为1.8×10^8千瓦，技术可开发量为7540×10^4千瓦。我国小水电资源几乎遍及全国各地，可

△ 小水电站

分为南北两大资源带，其中长江以南的滇、黔、川、渝、粤、桂、鄂、湘、琼、闽、浙、赣以及藏、青、新15个省、自治区、直辖市拥有可开发资源的85%，主要蕴藏在雨量充沛、河床陡峭的山区。

与大型水电站相比，小水电站工程简单、建设工期短，一次基建投资小，水库的淹没损失、移民、环境和生态等方面的综合影响甚小。由于小水电接近用户，故输变电设备简单、线路输电损耗小。而且在小水电的建设中，能充分发挥地方政府和群众办电的积极性，并与当地的防洪、灌溉、供水结合起来。以上这些优点使小水电在我国和一些发展中国家发展迅速，成为农村和边远山区发电的主力。

什么是核能

物质是由分子构成的，分子是由原子构成的，原子是由原子核和电子构成的，原子核是由质子和中子构成的。这是人类研究物质的微观结构过程中得出的结论。现代科学技术的发展，使得人们可以更深入的对质子和中子进行观察，研究结果表明质子和中子是由更小的夸克组成的。

物质是可以变化的。有些变化发生后，物质的分子形式没有发生改变，这类变化我们称之为物理变化，如水在一定的温度条件下由液体变化为固体或气体。还有些变化在变化过程中分子结构发生了变化，而构成分子的原子没有变化，这类变化我们称之为化学变化。如氢气在空气中燃烧，会与空气中的氧结合成水，组成水的氢、氧原子并未发生变化。

△ 安东尼·亨利·贝克勒尔，法国物理学家，由于研究荧光现象而发现铀的放射性，并因此获1903年诺贝尔物理学奖。

几千年来，人们都在探索物质到底是由什么构成的，近代科学的研究回答了这个问题，即物质都是由元素构成的。构成元素的最小单位是原子，原子的体积非常小，其直径大约 1×10^{-8} cm。在原子中原子核所占据的空间更小，只有 1×10^{-13} cm的极小空间。如果把原子比作一个房间，原子核只不过是房间中的一粒尘土。相反，原子核的密度却是非常之大，约为 2×10^{17} kg/m^3，它是kg/cm^{3}密度单位的2000亿倍。人们迄今为止发现的元素中，大多数元素

△ 居里夫人

是稳定的。

原子核中质子数量相同的原子具有相近的化学性质，质子数相同而中子数不同的元素我们称之为同位素。同位素虽然也具有相近的化学性质，但有些性质却截然不同，某些同位素带有强烈的放射性。

1896年，法国科学家贝克勒尔发现铀元素可自动放射出穿透力极强的放射线。在此之后，居里夫人、卢瑟福等科学家又发现，处于高强度磁场中的镭、镁、钍、钚等元素，可以放射出波长不同的 α、β、γ 三种射线。这些可以放射出射线的元素被称之为放射性同位素。放射性元素在释放射线后，会变成另一种元素。

在某些放射性同位素中，原子核是不稳定的，当外来的中子进入原子核时，其携带的能量可以激发原子核发生结构变化，原子核的变化释放了大量的能量，这种能量被称之为原子能。因为这种能量产生于原子核的变化过程，原子能又被称之为核能。

与机械能、电能、化学能不同，核能释放后物质的质量发生了重要变化，质量转变为能量。核裂变能要比同等质量的物质参加化学反应时所释放的能量大几百万倍以上。

核能发展史

人类对物质微观结构的认识，最早可以追溯到2000多年前。当时，古希腊思想家德漠克利特曾说过："宇宙万物……都是由称作原子的微粒组成的。"19世纪初，英国化学家约翰·道尔顿提出了近代原子概念：同一元素的原子相同，不同元素的原子不同。一种元素与其他元素的不同之处在于它们的原子质量不同。道尔顿第一次提出了原子量的概念。

18世纪初到20世纪初，人类对原子结构的研究产生了重大飞跃。1891年，爱尔兰物理学家斯托尼首次提出了电子的概念。1914年，英国物理学家卢瑟福发现了质子；1920年卢瑟福提出了有名的"中子假说"；1932

△ 卢瑟福

年英国物理学家詹姆斯·查德威克发现了中子，至此原子结构的大致轮廓基本清楚了。

从1891年电子概念的提出到1932年中子的发现，科学界经历了四十多年的时间去认识原子结构。与此同时，科学家对原子内部的变化有了逐步认识。德国物理学家威廉·康拉德·伦琴经过大量实验，证实了X射线的存在，并于1895年撰文详细论述了X射线产生的方法及射线的穿透性。在X射线研究基础上，法国物理学家亨利·贝克勒尔发现了铀可以产生类似X射线的新的射线，结论是铀具有放射性。铀具有放射性的现象引起了法国物理学家皮埃尔·居里夫妇的关注，通过大量实验，他们证实了除铀之外，钍、钋、镭等元素同样具有放射性，并将这类元素归类为放射性元素。

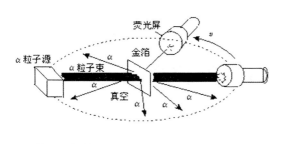

荧光屏

金箔

α粒子源

α粒子束

真空

△ α粒子散射实验

在大量的放射性元素实验过程中，科学家们发现了一个重要事实，放射性元素在释放了射线后，会变成另一种元素，同时其原子质量有明显的减轻。对这一现象，一代科学巨匠爱因斯坦做了理论解释。1905年爱因斯坦提出物质可以变为能量，能量也可以转变为物质，并将这一转换关系用一个公式做了明晰说明：$E＝mc^2$（E为能量，m为质量，c为光速）。公式表明，由于光速极大，很少的物质就可以产生巨大的能量。爱因斯坦的质能转换公式为核能的开发利用奠定了坚实的理论基础。

质能转换公式引导科学家们去寻找核能。1919年，卢瑟福用α粒子轰击氮原子核，从氮原子核中打出质子，将氮原子核转换成氧原子核，实现了人类第一次人工核反应。1934年，卢瑟福在静电加速器中用氘轰击固态氘靶生成氦，第一次实现了人工核聚变反应。核裂变现象和理论是由德国放射化学家奥托·哈恩于1939年提出的，他通过实验证实了铀原子核在中子的轰击下发生了裂变反应，并用质能公式推算出了铀核裂变产生的巨大能量。

核能的释放通常有两种方式，即核裂变能和核聚变能。铀、钍等重核原子通过链式反应，分裂成两个或多个较轻原子核，释放的巨大能量称为核裂变能。而像氘、氚这样两个较轻原子核聚合成一个较重的氦原子核，释放的巨大能量称为核聚变能。

从原子概念的提出到核能的发现，人类用2000多年漫长的历史去发现核能，核能的发现为人类开辟了广阔的应用领域。

开发和应用核能有哪些重要意义

人类认识到核能存在的历史到现在还不足百年，但核能开发、应用的重要性已经被世界各国普遍接受。核能的开发、应用越来越受到极大的关注。

一、化石能源的环境效应日趋严重

目前，人类实际应用的主要能源还是煤、石油、天然气等化石能源。大量化石能源的开采对地表环境造成了严重破坏，化石能源开采，加工、运输、利用过程中不断产生严重污染人类生存环境的各类废弃物。

化石能源的燃烧过程，产生大量的二氧化碳、甲烷、二氧化硫、氮氧化物。二氧化碳、甲烷被称之为温室气体，温室气体产生温室效应使全球平均气温增高，气候不断恶化，海平面逐渐升高，使人类生存环境受到极大破坏。而二氧化硫、氮氧化物形成酸雨，对地球土壤和植物形成严重威胁。

二、化石能源资源越来越少

化石能源是不可再生能源，用一点就会少一点，即使我们不考虑化石能源对环境的不良影响，地球上现有的化石能源资源也不足以支持人类经济活动的长期进行。按当前的开采量计算，煤炭尚可开采200多年，石油可开采40年，天然气可开采70年。如此有限的资源量已对人类经济活动的持续发展构成了直接威胁，因此加快开发替代能源已成为世界性的重大课题。

三、核能在替代能源中占有重要地位

核能是清洁能源，核能的利用过程不产生化石能源产生的烟尘、二氧化碳、氮氧化物和二氧化硫，不会造成温室效应及酸雨。核链式裂变反应释放出的热量十分巨大，以铀和钚为例，1000g的铀-235裂变反应释放的热量相当于燃烧2500吨标煤，1000g的钚-239裂变释放的热量相当于燃烧3000吨标煤。建设一个1000MW的燃煤电厂每年需要3百万吨的燃煤，而建设一个1000MW的核电站每年仅需要30吨核燃料。核电站的燃料费用要比燃煤电厂低得多。

核能的利用具有很大的地域灵活性。由于化石能源资源分布的不均衡

△ 核能发电厂

性，往往影响了经济活动的正常开展，例如我国经济活动最活跃的地区集中在东、南沿海地区，而化石能源资源多分布在西部、北部地区。这种不均衡性造成了北煤南运，西电东送的不合理能源供应布局，而核能利用在地域上的灵活性恰恰可以解决这一问题。

核能的利用也具有比较明显的经济性。目前核电的建设成本比火电建设成本高约50～80％，而核电的运行成本只相当于火电的50％。随着科学技术的发展，建设成本和运行成本会逐渐下降，核能的利用将会显现出更大的经济性优势。

更为重要的是核能的资源可供人类长期利用。地壳中铀元素的含量是平均每吨3克，这个含量大约是金子含量的1000倍。人们总是在铀含量远远高出平均含量的含铀矿脉进行开采。世界上铀矿最丰富的地区是加拿大、澳大利亚、哈萨克和北美。据统计，全世界可靠铀矿资源约为450万吨，目前世界上铀矿消耗的速率是每年6万吨，这些铀矿资源可够慢中子反应堆使用大约70年。如采用先进的核能循环利用技术和更为先进的快中子反应堆，目前的铀资源可供人类使用数千年甚至1万年。前景更为广阔的是核聚变能，如果实现可控核聚变，仅目前地球表面水体中所含的氘就可满足人类几十亿年的能源需求。

正是由于核能所具有的特点，使其在可替代能源如水能、风能、太阳能、生物质能中占据了很重要的地位，成为不可缺少的替代能源。

什么是核燃料

核能来源于原子核内部变化，更为具体地说核能来源于核裂变和核聚变过程，哪些物质可以作为核燃料呢？在目前科技水平下，人类所发现的可以产生核裂变的材料主要有铀-233、铀-235和钚-239。自然界中天然存在的只有铀-235，铀-233和钚-239不以自然态存在，它们分别是由自然态存在的钍-232和铀-238吸收中子后衰变产生的。

铀在地表中分布比较广泛。地壳中铀含量约为3克/吨，铀以铀矿物的形态存在，目前已发现的含铀矿物已多达150多种。天然铀以铀-238、铀-235和铀-234等三种同位素形态组成，其中铀-238约占铀元素的99.28％。铀-235约占铀元素的0.71％，铀234数量极微。在目前的核技术中可直接利用的核燃料是铀-235。

提纯后的铀以金属态存在，其化学性质非常活泼，可与其他金属形成合金，也容易与非金属发生反应。

钍在地表中的平均含量约为9.6克/吨。已知的含钍矿物有100余种，其中最主要的是独居石，其含钍量约5％左右。独居石是提炼钍的主要矿物，提纯后的钍以银白色金属态存在。

钍是重要的核燃料之一，在高温气冷核反应堆中，钍-铀燃料循环中90％的钍-232转化成铀-233。钍在未来发展的核能中是重要的核燃料。

自然界中天然存在的钚-239数量极微，大多在天然铀矿物中附生。提纯后的钚是一种银白色金属，其化学性质极其活泼。由于钚-239裂变反应截面大于铀-235的反应截面，因此钚-239裂变反应释放的能量亦大于铀-235。

1942年，由美国科学家费米主持建设的世界上第一座核反应堆，利用天然铀生产出钚-239。目前，核科学界正在加速研究的两大核能技术之一——加速器驱动的洁净核能系统技术，一项重要内容就是使天然铀中99.7％不能直接进行裂变反应的铀-238转化为钚-239，这一技术极大地提高了天然铀资源的利用效率，为核燃料提供了更为广泛的来源。

核废料怎样处理

任何事物都具有两重性，核能为人类提供了巨大的能源资源，但核能利用过程中产生的核废料处置不当也会给环境带来极大的危害。核废料最主要的环境污染是其具有强度不等的放射性。在国际放射性防护委员会（ICRP）的建议下，各国政府对放射性的限值都做了具体规定。

核废料以气态、固态、液态三种形式存在。按其放射性强度可分为高放射性核废料和中低放射性核废料。

固体废弃物主要是各种被污染的核设备零部件、器具等；液体废弃物主要是被辐射污染的水溶液、泥浆；气体废弃物主要是含有放射性的废气流。

对中低放射性固体核废物，其处理方法是通过焚烧的办法缩小废物的体积，然后将体积大大缩小的灰渣固化后储存或填埋处置。焚烧过程产生的尾气也需进行技术处理，达到排放标准后排入大气。

对中低放射性液体核废料的固化一般采用水泥固化法、沥青固化法、塑料固化法进行固化处理，固化后储存或填埋处置。

高放射性废液目前一般的处理办法是先进行6年以上时间的密封储存，然后浓缩减容，最后进行玻璃固化，固化后进行处置。高放射性废气目前的处理方法是去除其中氪-85、氚和碘-129。分离氪-85一般采用深冷法，分离出的氪-85装入钢瓶；氚可采用氧化挥发法或同位素交换法处理；碘-129可用水溶液洗涤、吸收剂吸收法处理。

对高放射核废料目前尚无最终的处理办法，由于其必须与生物圈隔离600万年以上，故目前通用的方法是将其固化后埋藏在地质构造稳定的地层深处。

对中低放射性核废料经处置后可在浅层地表埋藏，埋藏地点也可以利用废弃矿井。

总之，核废料的处置是一个很复杂的系统工程，目前尚无一劳永逸的处置办法，相信经过核科学家的努力，最终将会寻找到更为尽善尽美的解决办法。

核能在军事上的应用

一、原子弹问世

自人类发现核能以来，它的首次应用是用于军事方面。第二次世界大战期间德国、美国、日本都在积极开展核武器的秘密研究。1940年德国即开始实施核计划，并于1943年建立了三座核装置。1943年前后，日本也以"二号研究"为代号开展了秘密核计划研究。1939年，科学家爱因斯坦在匈牙利物理学家列奥·西拉德的请求下，给美国总统罗斯福写信通报了德国拟利用核能制造武器的信息，同时建议美国应加速核武器的研究工作。由于这项研究工作需要投入大量的人力、物力和财力，德国和日本忙于应付紧张的战争局面，核武器研究计划相继流产。

美国自1941年7月开始进行核反应堆的设计和建设工作，经过一年半的时间，于1942年12月建成了世界上第一座核反应堆。1942年12月2日，在科学家费米的指挥下成功启动核反应堆并在28min后顺利停堆。第一座核反应堆的启动成功，标志着人类核能世纪的开始。在此之后，美国于1943年6月建立了生产浓缩铀的工厂，1945年6月，铀工厂生产出了20kg铀-235。指挥建设世界上第一座核反应堆的科学家费米又相继领导建设了三座生产钚-239的反应堆，1945年7月生产出了60kg钚-239。

1945年夏，在积累了足够的核材料后，美国组装了三枚原子弹，一枚使用铀-235，另两枚使用钚-239。这三枚原子弹分别被命名为"小男孩"、"大男孩"、"胖子"。

1945年7月16日美国利用"大男孩"进行了本土试验，这也是世界上第一次核武器试验。"大男孩"是一颗以钚-239为核材料的钚原子弹，爆炸威力相当于2万吨的TNT炸药当量。于1945年8月6日和9日分别将"小男孩"和"胖子"投掷在日本广岛和长崎。两次原子弹爆炸造成直接死亡人数二十多万人，尚不包括放射性长期影响及对建筑物的破坏，这也是原子弹问世以来迄今为止唯一的一次用于实战。

二、原子弹的破坏力

原子弹具有以下几类杀伤和破坏作用。

1.冲击波

原子弹爆炸瞬间，其中心地带产生几百万到几千万度高温，形成十几亿到数百亿大气压，强大的气压造成强烈的冲击波，摧毁各类建筑物、设施、武器装备及人体。

2.光辐射

原子弹爆炸瞬间形成巨大的火球，其表面温度及亮度比太阳还要高，这种高热、强光造成的光辐射引起爆炸中心地带起火，人身烧伤及眼睛视网膜损害。

3.早期核辐射

早期核辐射发生在核爆炸1min内，主要由中子和 γ 射线组成。早期核辐射可以破坏电子系统及引起人畜放射病。

以上三类是原子弹的主要破坏力，除此之外，爆炸后产生的剩余核辐射在一定范围内产生放射性污染。核电磁脉冲会对电子系统造成干扰和破坏。

原子弹的破坏力十分强大，但破坏力是可以防护的。为了防止核武器的伤害，各国都采取了很多切实可行的防护措施，将危害程度降到最低。

三、核武器的发展及其他军事应用

自原子弹问世以来，以核能作为武器的技术已发展到第三代。第一代核武器就是原子弹，它目前向小型和发射方式灵活方向发展。第二代核武器为氢弹，与原子弹不同之处在于原子弹利用的是核裂变能，而氢弹利用的是核聚变能。氢弹爆炸破坏力要比原子弹大很多。由于核聚变需要在6万度的高温下才能发生，这样高的温度是普通引爆物做不到的，因此氢弹是由原子弹进行引爆的。第三代核武器是中子弹。中子弹以高能中子的瞬间辐射作为主要破坏手段，光辐射及冲击波的破坏力和杀伤作用大大降低。中子弹主要破坏作用是造成人员的重大伤亡，对建筑物及军事设施不起破坏作用。第三代核武器还有核电磁脉冲弹、增强X射线弹等种类。这一代核武器实际上是增强或减少了某种破坏效应的小型氢弹。

核能除直接用于制造核武器外，在军事上还用作军事舰船的动力。目前各种以核能做动力的军事舰船已屡见不鲜。

何谓核能发电

目前，人类实际应用的主要能源还是化石能源。煤、石油、天然气等化石能源的利用，对人类生存、发展、进步产生过巨大的影响。进入21世纪后，人们更加注重生存环境和生存空间的质量。大量燃用化石能源产生的温室效应，酸雨现象对人类生存环境造成了严重破坏。同时化石能源经长期开采，其资源日趋枯竭，已不足以支撑全球经济的发展。在寻找替代能源的过程中，人们开始越来越重视核能的应用，而核能最主要的应用就是核能发电。

一、核电站的组成

人类首次实现核能发电是在1951年。当年8月，美国原子能委员会在爱达荷州一座钠冷快中子增殖试验堆上进行了世界上第一次核能发电试验并获得成功。1954年，苏联建成了世界上第一座试验核电站，发电功率5000千瓦。

核电站与火电站发电过程相同，均是热能-机械能-电能的能量转换过程，不同之处主要是热源部分。火电站是通过化石燃料在锅炉设备中燃烧产生热量，而核电站则是通过核燃料链式裂变反应产生热量。

核电站的组成通常有两部分：核系统及核设备，又称为核岛；常规系统及常规设备，又称为常规岛。这两部分就组成了核能发电系统。

核岛中主要的设备为核反应堆及由载热剂（冷却剂）提供热量的蒸汽发生器，它替代常规火电站中蒸汽锅炉的作用。常规岛的主要设备为汽轮机和发电机及其相应附属设备，常规岛的组成与常规火电站汽轮机大致相同。

二、核电站反应堆

从理论上讲，各种类型的核反应堆均可以进行发电。但从工程技术和经济运行角度上看，某些类型的核反应堆更适于核能发电。

目前看，工业上成熟的核发电堆主要有轻水堆、重水堆、石墨气冷堆三种反应堆。

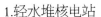

1.轻水堆核电站

轻水堆核电站的设计、建造及运行比较方便、简单，安全性、可靠性及经济性都有独到之处，但轻水堆核电站使用浓缩铀，故对不具有铀浓缩能力的国家会带来不便之处。

2.重水堆核电站

重水堆核电站反应堆以重水作为慢化剂，由于重水的热中子吸收截面比轻水热中子吸收截面小很多，因此重水堆核电站最大的优越之处是可以使用天然铀作为核燃料。

重水堆的核电站由于可以使用天然铀作燃料，且燃料燃烧比较透，故与轻水堆相比，天然铀消耗量小，可节约天然铀。除此之外，重水堆对燃料适应性较强，容易改换另一种核燃料，重水堆的缺点是体积大、造价高，由于重水造价高，运行经济性也低于轻水堆。

3.石墨气冷堆核电站

石墨气冷堆是以石墨作慢化剂，以二氧化碳或氦气作冷却剂的反应堆。这种堆型至今已经历了三代变化。

第一代石墨气冷堆以天然铀作核燃料，二氧化碳作冷却剂。冷却剂气体流过堆芯，吸收热量后在蒸汽发生器中将热能传递给二回路的水，产生蒸汽后驱动汽轮发电机发电。这种堆型优点是可以使用天然铀，缺点是功率密度小、体积大、造价高，天然铀消耗量大，目前已基本停止建造。

第二代石墨气冷堆是在第一代基础上设计出来的。主要改进是使用了2～3%含量的低浓度铀，出口蒸汽温度可达670℃。

第三代石墨气冷堆也称为高温气冷堆。以氦气作冷却剂，石墨作慢化剂。由于堆芯使用了陶瓷燃料及采用惰性气体氦作冷却剂，故冷却剂气体温度可高达750℃。高温气冷堆的主要优点是因其采用惰性气体作冷却剂，故在高温下也不能活化，不会腐蚀设备和管道。其次石墨热容量高，堆芯发生事故不会引起迅速升温，加之以混凝土作压力壳，故安全性较好。高温气冷堆的热效率较高，可以达40%以上。

三、核电站的安全运行

自从核能被用于发电以后，核电站的安全运行就一直被人们予以高度的重视并得到公众最大的关注。人们对核电站的安全主要存在两大疑点：一是核电站是否会像核弹那样爆炸？二是核电站的放射性对生物圈的影响到底有多大？

1.核电不是核弹

核电站与核弹都是由原子核的链式裂变反应产生能量，其基本原理相同，但核电站与核弹本质上却存在完全不同的差别：其一，从核燃料上看，核弹是以高富集度的裂变物质作核燃料，铀-235富集度90％以上，钚-239富集度93％以上。核电站使用3％左右的低富集度铀作核燃料，浓度上的差别保证了核燃料不会引起核爆炸。其二，核弹中核燃料的密度非常高，核电站反应堆中的核燃料密度低，不会产生瞬间释放极大能量的情景。其三，核爆炸的发生需要非常严格的条件，原子弹设置了一套复杂、精密的引爆系统，而核反应堆不具备发生核爆炸的引爆条件。原子弹设计目标是产生瞬间超临界状态的裂变反应，而核反应堆在设计上是保证核裂变在缓慢、受控状态下释放能量。从以上几点可见，核反应堆不是核弹，也不会发生核爆炸。

2.核电站的放射性

人类在现实生活中，无时无刻不在受各种天然放射性和人工放射性的影响。据国外有关资料介绍，人体每年受到的放射性辐射的剂量约为1.3msv。其中包括：

宇宙射线0.4～1msv燃油电站0.02msv

地球辐射0.3～1.3msv燃煤电站1msv

放射性医疗0.5msv核电站0.01msv

电视射线0.1msv

与各种天然辐射源和人工辐射源的影响比较，核电站的辐射影响实在是微乎其微。

核电站的迅速发展

自苏联1954年建成了世界上第一座核电站以来，核电在不同的历史时期得到了不同程度的发展。到2002年年底，全世界共有32个国家建设了核电站。建成核电站反应堆442座，总装机容量356746MW，占世界电力总装机容量的17%。

根据各国核电站发展趋势，预计到2010年年底，世界核电总装机容量将达400000MW以上。就发电量占总发电量比例看，已有15个国家核电份额超过了30%，其中立陶宛、法国、比利时、斯洛伐克四个国家核电份额超过50%。

我国从20世纪70年代开展核电的研究和设计工作。1985年开工建设第一座核电站——秦山核电站。1991年年末，秦山核电站第一套300MW原型压水堆机组首次并网发电。随着二期、三期工程的实施，秦山核电站目前总装机规模已达3000MW。

除秦山核电站外，我国又相继建设了田湾核电站（总装机2000MW）、大亚湾核电站（总装机2000Mw）、岭奥核电站（总装机2000Mw）。这些核电站的建成投运为我国核电的开发树立了良好的典范。根据我国核电站发展规划，到2020年我国核电总装机容量将达32000Mw，占电力总装机容量比例将由2002年的1%上升到4%左右。尽管如此，我国核电装机占总装机的比例距17%的世界平均水平尚有很大差距，未来我国核电的发展还存在较大空间。

核电站放射性影响主要在于核电站运行及闭停时的核辐射泄漏。在反应堆的安全设计中，核燃料被制成了耐高温、耐辐射、耐腐蚀的陶瓷材料堆芯，这种堆芯可避免98%以上的裂变产物不致逸出。除此之外，核反应堆述设计了三重防辐射保护层：密封的燃料外壳将陶瓷燃料严密封护，使裂变产物漏出的可能性极小；燃料外壳设有200～250mm厚钢制压力和相互独立的回路系统，防止了放射性逸出；核反应堆外设计了2～3m厚的混凝土屏蔽层，以阻断核辐射，保护操作人员和核电站设备。

太阳蕴藏的能量有多大

在茫茫的宇宙中，太阳不过是一颗极其普通的恒星。然而，太阳这个炽热的气体球，却蕴藏着无穷无尽的巨大能量——太阳能。地球上除了地热能、核能等能源外，几乎所有的其他能源都直接或间接来源于太阳能。诗人将太阳称为"地球的母亲"，科学家却将太阳能比喻为人类的"能源之母"。可以说，没有太阳和太阳能，就没有人类的一切。

据研究表明，太阳的直径约为139万千米，这是迄今为止最为精确的数值。据此推算，太阳的体积大约是141.2亿亿立方千米，相当于地球体积的130万倍；太阳的质量大约是2×10^{27}吨，相当于地球质量的33万多倍。正是由于太阳有如此巨大的质量，太阳系的九大行星都被它的吸引力吸引着，围绕着它运转。

金焰四射的太阳充满着活力。太阳的表面是一片烈焰翻腾的火海，温度在6000℃左右；内部有极其强烈的对流运动，中心温度高达1500～2000万℃。这无与伦比的高温，使太阳数十亿年来一直不知疲倦地向太空辐射着大量的光和热——大约每分钟输出235×10^{26}焦耳的能量。

太阳蕴藏的能量为什么会如此惊人呢？

原来，太阳内部在不停地进行着核聚变反应，太阳实际上就是一个巨大的核聚变反应堆。我们知道，太阳主要由最轻的氢元素构成，其中心部位存在着大量氢的同位素氘和氚。太阳内部的高温、高压环境，形成了一个巨大的核聚变反应堆，氘和氚不断地发生核聚变反应，不断地生成新元素氦，同时释放出大量的光和热。新生成的氦又移动到太阳的外层，进一步进行核聚变，又释放出光和热。太阳就这样一层一层地反复地发生核聚变，永不停息地释放出惊人的能量，这就是太阳含有巨大能量的奥秘所在。

太阳内部不断进行着的核聚变反应，犹如连续发生氢弹爆炸一样，产生了巨大能量。仅仅1克氘和氚发生核聚变生成氦所产生的能量，就可以带动一台40马力的发动机连续运转1年。科学家们估算，整个太阳在短短1秒钟内所释放出来的能量，相当于在1秒钟内爆炸900亿颗百万吨级的氢弹所释放出来的能量。打个比方，这些能量足以把十多亿立方千米的冰融化成水。

太阳时刻都以辐射的方式向宇宙空间释放能量，其中只有1/（22×108）长途跋涉1.5亿千米来到我们的地球上。即便如此，地球每秒钟也能接收到173亿千瓦时的能量，足以使大气保持温暖，风生云涌，电闪雷鸣，江河奔流，万物生长。的确，太阳能是我们居住的这个行星上可以获得的最主要最基本的能源，地球上几乎所有的生命活动和自然现象，都同太阳有关。太阳能既是地球上一切生命活动的依赖，也是我们人类社会物质财富的基本源泉。

古往今来，人们所利用的主要能源，大多是直接或间接地由太阳能转化而来，是太阳能的不同储存方式。不管是煤、石油、天然气等化石能源，还是风能、波浪能等新能源，莫不如此。

太阳能释放到地球上，使地球上的空气、陆地、海洋受热。由于各处受热情况不同，加上地理环境等的影响，出现了风、霜、雨、雪等天气现象，同时也产生了风能、水能、波浪能等可供利用的能源。可见，风能、水能、波浪能等都是太阳能的不同表现形式。

在太阳能的作用下，绿色植物通过叶绿素的光合作用，能将简单的无机物变成复杂的有机物。实际上，这些绿色植物生长发育的过程，就是它们在机体内积累太阳能的过程。古代绿色植物由于地壳运动被埋到深深的地下，经过长期高温、高压的作用就慢慢地变成了现在的煤炭。可见，煤炭所含的能量归根结底是古代绿色植物通过光合作用蓄积起来的太阳能。

太阳是光明和温暖的象征，是万物和生灵的使者。正因为有了它的无尽恩赐，地球上才有了生命的欢乐，才有了动力的源泉，才有了今大文明发达的世界。

怎样采集太阳能

为了充分收集太阳能并使之发挥热能效益，就必须采用一定的技术和装置——集热器。集热器的功能，主要是能有效地吸收太阳能而又不向外扩散。为达到这个目的，除了要把集热器表面涂成黑色外，关键就是尽力提高反射镜的反射率。实验证明，平面镜的玻璃背面要采用消除铁离子的镀银工艺，在曲面镜上要涂敷碳化锆薄膜，这样可使太阳光的吸收率最大、扩散率最小。

太阳能集热器是利用太阳能的基础设施，种类比较多。常见的一种是聚光式太阳能集热器，它利用抛物面聚光原理，把太阳光聚集到一点上，从而大大提高太阳能辐射的能量密度，使局部获得高温。由于太阳的照射角度随时都在变化，因此需要经常调节集热器的聚集状态。现在这项工作已可以由计算机来完成了。

20世纪70年代，国际上出现了一种"复合抛物面镜聚光集热器"（简称CPC），它由两片槽形抛物面反射镜组成，不需要跟踪太阳，只需要随季节变化做稍许调整，便可聚光并获得较高的温度。当时，不少专家对CPC评价很高，甚至认为是太阳能利用技术的一次重大突破，预言将得到广泛应用。但几十年过去了，CPC仍只是在少数示范工程中得到应用，并未像平板集热器和真空集热器那样大量使用。

平板集热器和真空集热器都属于非聚光式集热器，它们能够利用太阳辐射中的直射辐射和散射辐射，但集热温度较低。在太阳能低温利用领域，其经济性能远比聚光式集热器好。

由于平板集热器的热损较大，人们将大部分的精力都放在真空集热器的研制上。早在20世纪70年代研制成功的真空集热器，其吸热体被封闭在高真空的玻璃管内，大大提高了热性能。为了增加太阳光的采集量，有的在真空集热器的背部还加装了反光板。这种集热器的集热效率很高，能把水温加热

△ 太阳能发电厂

到100℃，空气温度加热到200℃，并且不受环境影响，可常年使用。日本建造的一座10千瓦的太阳能实验电站，太阳锅炉中的蒸汽温度可达350℃。

经过多年的努力，我国在全玻璃真空集热器方面，已经建立了拥有自主知识产权的现代化产业，用于生产集热器的磁控溅射镀膜机在几百台以上，产品质量达世界先进水平，产量居世界首位。在热管真空集热器的研制方面，我国也攻克了热压封等许多技术难关，建立了拥有全部知识产权的热管真空集热器生产基地。

以上所说的集热器都是由聚光单位组成的"分散式集热系统"。除此之外，还有"塔式聚光集热系统"，这种系统把反射镜集聚的太阳光都集中在高高耸立的中心塔顶端的集热器系统上。这种聚光系统的特点是可以获得温度非常高的水蒸气，发电能力特别强；其不足之处是需要占用很大地方来设置反光镜。据计算，一座1000千瓦的太阳能热电站，就需占地110×110平方米，10000千瓦的热电站则需占地350×350平方米。目前，世界上最大的塔式抛物面反射聚光系统有9层楼高，其中心温度可达4000℃。

怎样储存太阳能

　　地面上接收到的太阳能，受气候、昼夜、季节的影响，具有间断性和不稳定性。因此，如何将采集到的太阳能储存起来是十分必要的，尤其是对于大规模利用太阳能更为必要。太阳能不能直接储存，必须转换成其他形式的能量方可储存。目前，大容量、长时间、经济地储存太阳能在技术上比较困难，太阳能储存技术在目前基础上还应继续完善和提高。

　　现在，世界上最普遍的储存太阳能的方法是热能储存，即先将太阳能转换成热能，然后再将其储存在密封、隔热的材料中，以供需要时使用。热能储存按储热材料的不同，可分为显热储热、潜热储热、化学储热、塑料储热和太阳池储热。其中太阳池储热是比较常见的一种，并且初步进入实用阶段。

　　太阳池是一种具有一定盐浓度梯度的盐水池，可以用来采集和储存太阳能，由于简单、造价低和宜于大规模使用，已引起人们的重视。目前，许多国家都对太阳池的采集、储存技术开展了研究，以色列还建成了太阳池发电站。

　　利用化学反应来储存太阳能（化学储热）也是很有发展潜力的新技术。它是将太阳光反射到一个有小孔的金属圆筒内，使圆筒里的线圈变热，以促进预先放在其中的二氧化碳和甲烷发生化合反应，生成包含氢、一氧化碳和蒸汽的混合气体。这种气体通过管道输送到发电站后，经过第二次化学反应，又转变成二氧化碳和甲烷，并产生900℃以上的高温，从而生成大量蒸汽来推动汽轮发电机发电。

　　在显热储热方面，人们选择了地表深处的厚黏土层作为储存太阳能的物质，并采用家用太阳能集热器来采集夏季的太阳能。整个集热器的覆盖面积大约为3万平方米，当收集到的太阳能使集热器内的乙二醇溶液升高到70℃后，将被加热的溶液送入插在30米厚的黏土层中的V形管道中。这层黏土层

△ 太阳能热水器

位于离地表1.5米处，V形管道所占的面积约为4000平方米。夏天，黏土层被加热到70℃以上，成为一个热"储备库"；冬季，水从V形管里反向泵出即可提出储存的太阳热能，供人们使用。

目前，除了以热能储存的方式储存太阳能外，还有电能储存、机械能储存等方式。其中电能储存比热能储存困难得多，常用的是蓄电池。正在研究开发的超导储能，目前技术上尚不成熟。这种超导储能，其原理是某些金属或合金在极低温度下成为超导体，理论上电能可以在一个超导无电阻的线圈内储存无限长时间。这种储能方式可不经过任何其他能量转换而直接储存电能，效率高，启动迅速，不产生污染，而且可安装在任何地点，尤其是消费中心附近。

在机械能储存太阳能中，最受人们关注的是飞轮储能。近年来，由于高强度碳纤维和玻璃纤维的出现，用其制造的飞轮转速大大提高，增加了单位质量的动能储量；电磁悬浮、超导磁浮技术的发展，结合真空技术，极大地降低了摩擦阻力和风力损耗；电力和电子技术的新进展，使飞轮电机与系统的能量交换更加灵活。因此，近年来飞轮储能技术已成为国际上研究的热点。美国有二十多家单位从事这项研究工作，已研制成储能20千瓦时飞轮，正在研制5～100兆瓦时超导飞轮。在太阳能光电发电系统中，飞轮可以代替蓄电池用于蓄电。

太阳能电池的应用

太阳能电池是人类智慧的结晶，一块小巧玲珑的电池放到阳光下接通电路，导线里就会输出"欢快"的电流。太阳能电池也是人类的福音，其诞生不久，就被广泛地应用于各个行业和领域，尤其是在航天、交通等方面的应用更是一枝独秀。

太阳能电池问世后的第四年，首先被用到美国的"先锋1号"人造卫星上。这是因为当时的硅电池成本过高，所以初期多用于空间技术作为特殊电源，供卫星和火箭等使用。

我们知道，遨游于浩瀚宇宙的各种航天器对电源的要求极其苛刻——体积小、重量轻、使用寿命长，能经受冲击、振动、高低温的考验等等，而太阳能电池正是最佳选择。据不完全统计，现在世界上大多数的航天器，都由太阳能电池给它们的电子仪器和设备提供电力，功率从几瓦、几百瓦到几千瓦不等。

根据各种航天器对电源的特殊要求，通常将太阳能电池整齐地排列在电池板上，组成太阳能电池方阵。当航天器受到太阳照射时，电池方阵产生电能，给航天器供电，并且同时给航天器上的蓄电池充电。当航天器处于地球阴影之中时，蓄电池放电，以确保航天器上的仪器设备能够连续地进行工作。

1995年10月，美国航天局和一家航天公司合作，研制出一种太阳能火箭，称为"太阳能上段火箭"。虽然它不能独立地把卫星送上天，但可以代替以往使用的第二级化学火箭。这种太阳能上段火箭装有两面可充气的反射镜，能把阳光聚焦在一个太阳能电池板上，然后产生电力推动火箭向前飞行。太阳能上段火箭比同样功率的化学火箭小得多，可以用较小而便宜的第二级火箭机动地进行操纵，把发射一枚卫星的费用降低1.5亿美元。

我国早在1958年就着手太阳能电池的研究工作，并于1971年首次将我国自制的太阳能电池用在人造卫星上。这颗人造卫星至今仍在太空中正常运行。预计在今后10年或更长的时间内，大部分绕地球运行的卫星、宇宙飞船等航天器仍以太阳能电池为其主要电源，而以镍-镉蓄电池为辅助电源。

太阳能电池还可代替燃油而应用于飞机上。世界上第一架完全利用太阳能电池作动力的"太阳挑战者号"飞机，已于1981年试飞成功。其飞行时间长达4.5小时，飞行高度达4000米，飞行速度为每小时30英里。在这架飞行的尾翼和水平翼表面，装有1.6万多个太阳能电池，其最大输出功率为2.67千瓦，用从太阳能变来的电能驱单叶螺旋桨旋转，使飞机在空中飞行。但是由于轻质航空材料和太阳能电池都十分昂贵，电池的光电转换率只有12～16%，电动机和螺旋桨的推进功率不到10%，因而太阳能飞机离实用还有一段距离。

太阳能电池不仅能给飞机提供动力，也可以应用到其他交通运输工具上，如汽车、轮船、自行车等。尤其在汽车方面的应用，有的已经实现了实用化生产。

1987年，第一届国际太阳能汽车比赛在澳大利亚举行。比赛全程1950英里（约合3000千米），21辆太阳能赛车参加了角逐。美国的"圣雷萨号"力克群雄，用49小时14分跑完全程，平均时速为39.2英里（约64千米）。它不用任何燃料，完全靠太阳能电池提供动力。

在1993年年底的世界太阳能汽车大赛上，日本研制的"甲壳虫"太阳能汽车一举夺魁。比赛中，来自14个国家的52辆车都是采用"绿色能源"的太阳能汽车。日本的这辆"甲壳虫"，外表铺装着8平方米的太阳能电池板，光电转换效率达21%，功率为1.5千瓦，全部行程3004千米共走了36小时，最高时速达100千米。

1994年11月，一辆"极光号"太阳能汽车，完成了从澳大利亚西部珀斯到东部悉尼的4000千米的行程，创造了太阳能汽车8天横跨澳洲大陆的新纪录。1986年的澳大利亚"世界太阳能汽车挑战赛"上，参赛车的平均速度超过了每小时90千米。

此外，人们还研制出种类各异的太阳能海上交通工具。日本本田公司研制了一艘太阳能娱乐轻舟，它采用62千瓦发动机，装在右甲板舷外铁架上的太阳能电池能提供额外动力，以加速轻舟的前进速度。日本三洋电机公司研

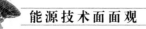

制成功的"寻太阳者号"太阳能飞艇，其最远航程可达2000千米。

德国的沙夫林教授设计制造了一艘太阳能船的样船。1991年8月，这艘命名为"光环号"的太阳能船带着轻微的嗡嗡声掠过博登湖的水面。船长7.5米，可搭乘6人，在太阳光的照耀下，时速可达到12千米，能够持续不断地航行。

太阳能电池在自行车上也得到了应用。据报道，中国台湾省研制出的太阳能电力自行车已批量生产并投放市场。这种自行车利用太阳能电池及马达前进，经5小时充电后连续行驶距离的极限为60千米，平均也可达到30～35千米，电力消耗完毕后可脚踏前行。

最近，德国基尔技术学院开发出一种太阳能自行车，该车配有太阳能电源和一台直流电机，一旦阳光普照，时速可毫不费力地达到45千米。该车经科隆设计师亨利希·纳费尔德改进，自行车把和自行车架上装有太阳光收集器，为电机提供动力，从而使时速高达60千米。这两种车型均使用蓄电池储存能量，即使太阳躲进云层，仍能照常行驶。

更为有趣的是，美国在加利福尼亚州宝石南海岸开辟了一个"太阳能停车场"，并于1993年11月向公众开放。2100平方英尺（约合200平方米）的太阳能电池板安装在停车场的顶上，5个停车区都备有插头，可将太阳能发出的电充进电动车的电瓶里，多余的电输入普通电网中。

太阳能电池在人们日常生活中的应用也很广泛，可用在耗电量小的录音机、助听器、计算器、手表、保温瓶、家用照明灯以及电冰箱、空调等家用电器上。国外还建成了一些用太阳能电池供电的小型电台、电视台、医院、学校等。日本还在1987年研制成功了太阳能路灯，它以太阳能电池供电，不用架电线，阴雨天亦能正常照明10天之久。

太阳能电池工业的迅速发展和广泛使用，使太阳能的开发利用变得更为现实。据统计，整个太阳能工业的年增长率约为20%，全球太阳能产品的年销售量约14亿美元，而其中的12亿美元是来自太阳能电池的销售。在太阳能电池的开发方面，以美国、日本、德国较先进，它们生产着占世界总量90%的太阳能电池。可以说，在目前商品化的太阳能产品应用中，太阳能电池是一枝独秀，并将持续较长的时间。

何谓太阳能发动机

太阳能发动机是一种以太阳热能作动力的机械，主要用于农田灌溉。太阳能灌溉目前有两种方式：一种是直接法，即由太阳能发动机直接带动水泵抽水灌溉；另一种是间接法，即通过太阳能发电，再驱动水泵抽水灌溉。这两种形式的水泵统称为太阳能水泵。

利用直接法灌溉的主要设备是太阳能发动机。太阳能

△ 太阳能发动机示意图

发动机主要有两种类型，即太阳能锅炉蒸汽机和太阳能热气机。

太阳能锅炉蒸汽机，是用水泵将水泵至太阳能集热器，水受热后温度升高，高温水流经锅炉，使锅炉内的低沸点液态工质汽化。气体状的工质驱动汽轮机，汽轮机则带动水泵进行抽水灌溉。

太阳能热气机，是靠太阳能加热气缸中的气体，使之受热膨胀，推动活塞，带动飞轮转动使水泵工作的动力装置。它的功率一般小于746瓦，但运转安全、可靠、无噪音，制造过程也比较简单。白天，热气机以阳光作能源，采用抛物面反射镜集热；夜间可燃烧木柴、煤、油等来代替太阳能。

早在公元前1世纪，埃及人就发明了最早的太阳能热气机。他们把密封的容器放在阳光下曝晒，容器里的空气受热膨胀，将装在容器里的水由低处压向高处。后来，太阳能热气机几经改进，到1816年时，苏格兰人斯特林发明了一种斯特林机。简单地说，这种新的机器由聚光镜、气缸、气轮和冷却器等几部分组成，由聚光镜聚集太阳光，加热气缸里的空气，使之膨胀推动活

△ 太阳能汽车

塞和飞轮做功。

　　1977年4月，美国亚利桑那州建成的太阳能灌溉系统就采用太阳能蒸汽机，驱动一台功率为37300瓦的水泵，每分钟抽水37800升。白天最长的6月份，一天可工作9.5小时，灌水2.15万立方米。

　　墨西哥的25千瓦发电机驱动的大型水泵站，是目前世界上最大的太阳能水泵站之一，它设在墨西哥能源短缺的圣·路易斯德拉帕斯的一个村落。该泵站是利用平板集热器采集太阳的能量，安装有720块集热器，合计面积达1500平方米。当水泵的扬程为40米时，每小时可抽水150吨，可供1500人用水，或供农作物灌溉用。

何谓太阳能热水器

太阳能热水器是太阳能热利用中有代表性的一种装置。它用途广泛、形式多样。最常见的一种是架在屋顶的平板热水器，一般是供洗澡用的。其实，在工业生产中以及采暖、干燥、养殖、游泳等许多方面需要的热水，都可利用太阳能。太阳能热水器除常见的平板式外，还有聚光式、热管式、真空管式等几种。

平板式热水器，又称管式集热器，它是太阳能热水器的基本形式之一。它的样式很多，如翅翼型、波纹板型、塑料压制型等，一般都由集热器、贮水箱和冷热水管等几个部分组成。平板式热水器里铺设了许多涂黑的水管，让水从管中流过，就可以利用太阳能把水加热。这种热水器通常能把冷水加热到五六十度甚至更高，供洗涤、洗澡、炊事、低温发酵等家庭生活和工农业生产使用。它具有节省燃料、清洁卫生、不需专人管理等优点，特别是在广大农村、乡镇、沙漠、高原、海岛等缺乏燃料而又交通不便的地方，更适合推广使用。

聚光式热水器，是由聚光集热器构成的，比平板式热水器所吸收的太阳能密度要大，水温要高，有的可产生开水和蒸汽。它的用途不仅可提供中、低温生活用热水，还更多地用于工业生产。一般聚光镜都要求跟踪太阳，才能获得高温；但有些聚光式热水器只要求季节性调节俯仰角，就能满足要求。为了提高热水温度，也可把几个聚光集热器串联起来，进行多级聚光加热。最常见的是抛物柱面聚光器，它是把阳光会聚反射在一条水管上，并用控制管中水流速度来获得不同温度的热水，流速越慢，水温越高。

热管式热水器也是一种可以常年使用的太阳能设备，其基本原理同热管传导式太阳灶差不多。但是，由于一般提供洗浴用的热水温度不太高，所以对热管的要求也比太阳灶要低。甚至从满足生活热水的单项要求来说，这种热管在技术上和经济上均优于真空集热管。

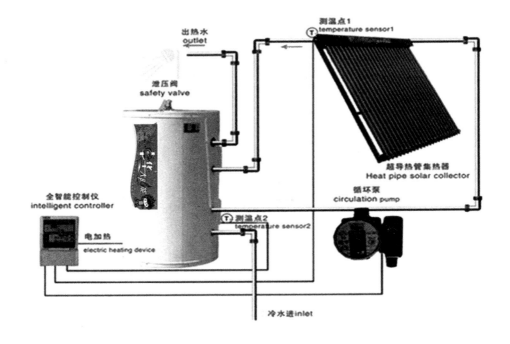

△ 家用太阳能热水器示意图

真空管式热水器，利用真空技术，减少热的对流损失。由于其受外界气温影响较小，可以常年使用。但这种热水器造价较高，关键在于真空集热管的制造。真空集热管用双层玻璃制成，类似细长的热水瓶胆，两层玻璃中间抽为真空。外层玻璃为透明体，可以射入阳光；内层玻璃应涂以选择性涂层，以吸收太阳能，并转变成热能。管子中心装有金属水管，随时将加热的水带去。若干根真空管并联，构成一组热水器。由于真空管式集热器能够全年使用，它不仅可以加热水，也能加热空气，最高温度可达200℃左右。因此，国外有的利用真空管式集热器作空调，冬季采暖，夏季制冷，并兼有热水洗浴，一举几得。

什么是太阳房

太阳房是利用太阳能采暖和降温的房子。太阳房可以分为两类：最简便的一种叫被动式太阳房，建造容易，不需安装特殊的动力设备；比较复杂一点，使用方便舒适的一种太阳房叫主动式太阳房；更为讲究一点的高级太阳房，则为空调制冷式太阳房。

被动式太阳房，主要根据当地气候条件，把房屋建造得能尽量利用太阳的直接辐射能。它不需要安装复杂的太阳能集热器，更不用循环动力设备，完全依靠建筑结构具有的吸热、隔热、保温、通风等特性，来达到冬暖夏凉的目的。因此它对气候条件的依赖性较大，人为的主动调节性差。在冬季遇上连续坏天气时，可能要采用一些辅助能源补充。正常情况下，早、中、晚室内气温差别也很大。

但是，对于要求不高的用户，特别是采暖条件差的农村地区，由于被动式太阳房简易可行，造价不高，仍然受到人们的欢迎。有一些工业发达的国家，如日本、美国和法国，建造被动式太阳房的也不少。中国从20世纪70年代末开始这种太阳房的研究示范，现已有较大规模的推广。北京、天津、河北、内蒙古、辽宁等地，均先后建起了一批被动式太阳房，各种设计标准日益完善。

主动式太阳房，一般由集热器、传热流体、蓄热器、控制系统及适当的辅助能源系统构成。它需要热交换器、水泵和风机等设备，电源也不可缺少。因此这种太阳房的造价较高，但是室温能主动控制，使用也方便。在经济发达国家，已建造了不少各种类型的主动式太阳房。

德国一位建筑师特多·特霍斯特建成了一所能随太阳转动的太阳房。房子形状像金字塔，重约180吨，建在一个水泥平台上，平台安置在能转动的转向架上。转向架的基座为位于地下室内用6根柱子支撑的环形轨道。6个驱动头使住宅每天随太阳转动180度，夜晚又返回初始位置。这座"向日葵"式的

△ 被动式太阳房

主动式太阳房不仅使房间洒满阳光，同时使安放在房顶上的太阳能电池和聚光镜均匀地受到太阳光的照射。聚集的太阳能，可供照明、采暖、生活用电及驱动住房转动之用。这种能跟踪太阳的太阳房是由计算机操纵控制的。

美国麻省理工学院一位叫特克的教授，发明一种叫"多佛式"太阳房的住宅，因为建造在麻省多佛的皮博迪庄园，所以称为"多佛太阳房"。在房子第二层楼地板上的整个南面布满了双层玻璃空气集热器，面积约为66.89平方米。每个吸热板由3.28米长和1.22米宽的花玻璃组成，两块玻璃之间有19毫米的空气间隙，玻璃之间的吸热板是涂了黑漆的镀锌钢板。在玻璃之间被加热的空气送到3个能储存热量的集热箱中，利用集热箱储存的热量足够整个房间冬天取暖。

太阳能冷冻机是怎样工作的

太阳能冷冻机的工作原理是，先利用太阳能集热器所收集的太阳热能来加热低沸点的氨水，使氨水变成蒸汽，在冷凝器中用冷水来冷却，使其进入膨胀阀，在低压下快速蒸发，吸收大量的汽化潜热，即可降温和造水，达到制冷的目的。

太阳能冷冻机结构简单，使用方便，适于家用冰箱和空调，也可用于粮食防腐和海产品防腐等。如果用硫氰酸钠溶液代替氨水，可提高冷冻机的工作效率。20世纪80年代，日本市场上已经开始有小型太阳能吸收式冷冻机出售，这种冷冻机不需辅助动力，而且价格低廉，效率较高。

△ 太阳能冰箱

1988年，法国BLM公司制成世界上第一台用太阳能驱动的冰箱。这种冰箱的工作介质是甲醇和活性炭。白天，当太阳光照射在含有甲醇（其中浸泡活性炭颗粒，以帮助甲醇吸收热量）的面板上时，面板发热，使甲醇从液态变成高压蒸汽。蒸汽通过板上的阀门进入一根冷凝管中，冷凝管弯弯曲曲地分布在板后的阴面上。甲醇蒸汽冷凝后又通过另一阀门进入蒸发器内，然后在低压条件下又一次变成蒸汽，蒸发潜热取自贮藏室，因而可使贮藏降温。这类冰箱造价低廉，可用于贮存疫苗、医疗用品等。

太阳能蒸馏器的应用

众所周知，地球上的水量虽然很大，但97％是海水，淡水仅占3％，且分布不均匀，有的地方淡水资源极为缺乏。尤其对于一些海岛和内陆干旱地区，淡水已成为影响人、畜生存的重要问题。尽管现代科学技术的发展创造了许多获得淡水的方式，但多数受到经济与技术条件的限制，普遍采用比较困难。

相比之下，利用太阳能蒸馏水方法淡化海水或苦咸水却有一定的可行性。据不完全统计，世界各国大型太阳能蒸馏装置不断得到发展。当前，各国太阳能海水淡化的主要设备是"热箱"，即顶棚式太阳能蒸馏器。它的基本部件是一个表面涂黑的盛水盒，盒内盛放浅层海水。水盒上覆盖透明盖板，在透明盖板下缘放集凝结水的淡水槽。直射或散射的太阳光透过玻璃顶棚射到水中后，被水及黑色盒底所吸收，水受热蒸发，蒸汽与空气在蒸馏室内产生对流，由于顶棚温度比水面温度低，水蒸气在顶棚内表面冷凝，并借重力作用顺着倾斜面流入淡水槽，于是得到淡水。这种淡水实为蒸馏水，矿化处理才能饮用。

最早的太阳能蒸馏器，有资料可查的为智利于1872年所建，集热面积为4450平方米，日产淡水17.7吨。这座太阳能蒸馏器沿至1910年，共用了38年。我国在1977年建成一座面积为385平方米的太阳能海水蒸馏试验装置，日产淡水1吨左右，它位于我国南端的海南岛上。1979年又在西沙群岛的中建岛上安装了一座50平方米的小型蒸馏器，日产淡水0.2吨。1982年在舟山群岛的嵊泗岛再建成一座128平方米的顶棚式太阳能海水淡化装置，日产饮用淡水300千克，生活用水700千克。

还有一种蒸馏器是聚光式的，它是利用聚光器获得高温，再把咸水烧成蒸汽，然后经过冷凝变成淡水。这种装置为强化蒸馏，效率虽然较高，但造价昂贵。

什么是风能

当太阳辐射穿越大气层时，大气层吸收了巨大的能量，其中一部分转变为空气的动能。太阳对地球表面不均衡加热，使热带比极带接收太阳辐射能要多；另一方面，当太阳加热地球相迎一面的空气、水面和大地时，地球另一面因背阳，并向宇宙空间辐射热而冷却，地球每天自转一周，表面轮流经历这种加热和冷却的周期性变化，造成地面各地上空大气层的温度和压力差异很大。加之地球轴线对于太阳的倾斜角度周期性变化，也造成地球表面热量分布的季节性变化。空气便从高压力地方向低压力地方流动，导致空气流动而产生风。从根本上说，产生风的源泉是太阳，风能是太阳能的另一种形式。

△ 风车

风能的储量非常大。地球上近地层风能总储量约为1.3兆兆千瓦，理论上可以开发利用的约为十分之一。据专家估计，地球上的风能资源每年约为200万亿千瓦时，若利用1%的风能就可以满足人类对能源的需要，目前被开发利用的只是其中微不足道的一部分。但是，风力大小无常、变化莫测、分布不均，它的速度、方向和能量随季节、海拔高度、地域、地表粗糙度不同而变化，加上风能密度小，给大规模开发利用带来了困难。

风能能用来发电吗

风力发电是把风能先转变为机械能、再带动发电机发出电能，也可以作为充电机的能源。100多年来，各国研制出多种类型的风力发电机。风力发电机按发电量大小可分为微型（1千瓦以下）、小型（1~10千瓦）、中

△ 风力发电

型（10~100千瓦）、大型（100千瓦以上）几种。按它的安装轴向可分为水平轴式和垂直轴式两种。以水平轴式应用最广、技术最为成熟。水平轴式风力发电机主要由风轮，包括叶片和传动轴等、增速齿轮箱、发电机、偏航装置、塔架、控制系统等组成。当风吹过叶片时，机翼型叶片就像旋翼依靠空气产生升力一样，使叶片旋转，带动传动轴转动，增速齿轮会使这种低速旋转变成高速旋转，并将动力传递给发电机。为获得更大的风能，整个风力发电机往往用铁架高高托起，尾翼可以时时感受风向变化，迎风装置根据风向传感器测得的风向信号，由控制器控制偏航电机，驱动与塔架上大齿轮啮合的小齿轮转动，使风轮始终对着风的方向，保证最大限度地利用风能。人们预测，未来风力发电将以近海风力涡轮机为主。

为什么说风能是一种既古老又年轻的能源

人类利用风能的历史悠久，风作为一种最古老的能源和动力，人类运用它已有数千年的历史。据文献记载，古埃及人在2800年前就用风帆行舟，后来又以风力协助役畜来磨谷、提水。作为文明古国的中国，使用风帆船亦有两三千年的历史。最辉煌的风帆时期是明代，航

△ 荷兰风车

海家郑和率领庞大的风帆船队七下西洋，成为千古佳话。1000多年前，我国还最先发明风车并传入中东，12世纪从中东传入欧洲。16世纪，荷兰人用风车排水，与大海争地。19世纪，人类发明了一种应用风能的机械装置多叶低速风车，丹麦人还建立了世界上第一座风力发电站。20世纪30年代，用快速风轮驱动的发电机面世，美国的风力充电机实现了商业化。20世纪50～60年代，欧洲一些国家纷纷建造风力发电机，法国人就设计和建造了世界上最先进的100～300千瓦风力发电机。近年来，风力发电发展迅速，1998年全世界风力发电机装机容量已达960万千瓦，年风力发电量210亿千瓦时。其中美国的风力发电量占世界风力发电总量的85％，相当于每年节省了350万桶石油。世界上最大的风力发电机在美国的夏威夷。风机叶片直径为97.5米，装机容量为3200千瓦，机组发电、转速和风轮迎风角等均由电脑控制，年发电1000万千瓦时，被称为"风车王国"的丹麦拥有风力发电机3000多座，年发电量100亿千瓦时。

风速、风级和风向有什么规定

虽然谁也看不见风，但人们可以通过从它吹动的物质来感受它的存在和大小、方向等。风的大小，通常以空气在单位时间内运动的距离，即风速作为衡量风力大小的标准。用米/秒、千米/小时为单位来表示。

通常所说的风速，是指一段时间内的平均风速，如日平均风速、月平均风速、年平均风速等。这是由于风时有时无，时大时小，变化多端，所以人们以一段时间内的算术平均值为平均风速。

风速的观测就是测定风的大小。在很早的时候，没有测定风速的仪器，人们只有凭借地面物的动态来估计风力。据记载，唐朝就已经将风力分为8风级，现在使用的薄福氏风力等级，也是根据地面物的动态，把风力分为12级，连静风1级一共13级。有人根据这13级风力的地物征象，把各级特征编了歌谣如下。

地面无风烟直上，一级看烟辨风向。

二级轻风叶微响，三级枝摇红旗扬。

四级灰尘纸张舞，五级水面起波浪。

六级强风举伞难，七级枝摇步行艰。

八级大风微枝断，九级风吹小屋裂。

十级狂风能拔树，十一十二陆上稀。

目前气象台站是通过仪器来进行风速观测的。常用的有两种仪器。一种叫风压板。它是一块垂直悬挂且能自由摆动的铁板，连接在风向标的上方。这样，铁板始终处于迎风的地位。在有风的时候，铁板受风压向上飘起，根据飘起的程度，就可以知道当时的风速。

另一种叫电传风向风速仪。它可分为两个部分：感应部分安装在室外，指示部分安装在室内，两者之间有电缆相连。观测时，只要一开电钮，就可以在指示器上观测到当时的风向与风速。

目前气象站发布天气预报时是用风力，即用风力的等级发布。风力简单明了。以平均风力而言，一般将枯水季节6级以上的风力，称为大风；洪水季节5级以上的风力，称为大风。

"薄福风级"，即从0级到12级，共分13级的风级，这是1805年英国人薄福提出来的，随后又补充了每级风对应的风速数据，使风级的判断由最初仅靠自然景观变化，进步到有精确的风速数据。这种划分标准，后来逐渐被国际上所公认。1946年，风级的划分增加到18个等级，但实际上人们常用的还是以12级风为最大，13级以上的风出现极少。

风从何方而来？风从东北吹向西南就叫做东北风；风从东吹到西，就叫做东风。风向就是指风吹来的方向。

早在3000多年前，我国殷代就注意了风向的观测，当时把东风称为谷风，西风称为彝风，南风称为凯风，北风称为凉风。到了封建社会初期，进一步把风向扩展为八个方位，因此有"八面来风"和八风之说。到了唐代，风的观测扩展到24个方位。

至于观测风向的仪器，早在公元前2世纪的西汉时代，就出现了候风幡，它与现今机场用的风袋相似。到了东汉时代，有人制成了"相风铜鸟"，用来测风了。

现在，气象台站把风向分为16个方位来进行观测。在这16个方位当中，主要是东、西、南、北四个正向。另在每两个正向之间再分三个方向，即正东与正北之间分成东北、北东北、东东北；正东与正南之间分成东南、东东南、南东南；正西与正北之间分成西北、北西北、西西北；正西与正南之间分成西南、西南西、南南西。

观测风向的仪器，目前使用最多的是风向标，它可以在转动轴上自由转动，头部总是指向风的来向。为了观测方便，在风向标下附有指示方向的十字架，十字架上的"N"（指方向北）字，必须与当地的正北方相符。

在没有风向标的地方，可以采取土办法进行观测，就是竖立一根竹子或木杆，在顶端系一块长方形的布条，有风时布条就随风飘动。布条摆动的方向，就是风的去向。知道了去向，就知道了风向。

风不仅大小、速度瞬息万变，而且风向也经常改变，同时又有其重复性。人们把各种风向的风出现的频繁程度叫做"风向频率"。更准确地说，在一定的时间内，相同方向的风出现的时数占其总时数的百分比，就是该风向的频率。它分为日频、月频和年频，是描述风能资源的重要指标，制订风能开发计划的基础资料。

风向频率可用下式计算：

某风向频率＝某风向出现次数÷风向的总观测次数×100

计算出各风向的频率的数值后，可以用极坐标的方式将这些数值标在风向方位图上，将各点联线后形成一幅代表这一段时间内风向变化的风况图，也称为"风玫瑰"。在风能利用中，总是希望某一风向的频率尽可能的大，尤其是在较短的时间内，不希望风向出现频繁变化。

平均风速是各瞬时风速的算术平均值。换句话说，平均风速10米/秒，可由瞬时风速8米/秒和12米/秒得到，但也可以由瞬时风速14.5米/秒和5.5米/秒得到。显然，风速的波动前者小于后者。我们把这种风速波动称为风速变幅。对于风能的利用来说，要求平均风速高，同时又希望风速变幅越小越好，以保证风力机平稳运行，便于控制使用。

人们在日常生活中，能够感受到风随高度的增加而加大的现象。楼顶的风比楼下的风要大，这是常识。通常我们从气象台站发出的天气预报中，听到的几级风的说法，实际上是指离地面10米高度的风速等级。在开发风能时，很多情况下往往要借助于气象资料分析计算。如果安装一台大型风力机，塔架高达几十米，这时就必须要考虑风速随高度变化带来的影响。

风是大气的水平运动。我们把空气运动产生的动能，称为"风能"。空气在一秒钟时间里，以速度（V）流过单位面积产生的动能，称为"风能密度"。很显然，空气在一秒钟时间内速度（V）越快，流过单位面积的动能越大，"风能密度"也越大。

一般来说，几乎任何一种能在气流中产生不对称的物体，都能作为收集风能的装置产生旋转、平移或摆动等机械运动，从而产生可以利用的机械功。

风能的特点是密度非常小，能量又受到时间、地形、高度等条件的限制，因此，开发、利用风能是很有学问的。经过长期探索，人们发现：第一，风能跟风速的三次方成正比，也就是说风越大，风能也越大；第二，风能跟风轮叶片的回转面积成正比，即风轮的直径越大，所产生的风能也越大。

风能资源的分布情况怎样

从全球来看，西北欧西岸、非洲中部、阿留申群岛、美国西部沿海、南亚、东南亚、我国西北内陆和沿海地区，风能资源比较丰富。但是由于风的流动性大，侵袭范围广泛，风速时空变化复杂，特别是在地势起伏较大的地区，有可能在风能丰富区中，个别地方风能却很贫乏。反之，在风能贫乏区中也可能会有局部地方风能较为丰富的现象。

由于所处的纬度、地势不同等原因，风能资源的分布差异很大。沿海地区、岛屿、高原地区等，一般风力较大；相反，洼凹地、盆地内的风力可能要小一些。不过，风力的大小受多方面因素的影响。以我国的风能资源分布为例，东南沿海及附近的岛屿、内蒙古、甘肃走廊、三北北部和青藏高原的部分地区，风力资源极为丰富，其中某些地区年平均风速可达6～7米/秒，年平均有效风能密度（按3～20米/秒有效风速计算）在200瓦/平方米以上，3米/秒以上风速出现时间超过4000小时/年。按照有效风能密度的大小和3～20米/秒风速全年出现的累积时数，我国风能资源的分布可划分为风能丰富区、风能较丰富区、风能可利用区和风能贫乏区四类区域。

一、风能丰富区：指风速3米/秒以上超过半年、6米/秒以上超过2200小时的地区。包括西北的克拉玛依、甘肃的敦煌、内蒙的二连浩特等地，沿海的大连、威海、嵊泗、舟山、平潭一带。

这些地区有效风能密度一般超过200瓦/平方米，有些海岛甚至可达300瓦/平方米以上，其中福建省台山最高达525.5瓦/平方米，3～20米/秒风速的有效风力出现频率达70％，全年在6000小时以上。东南沿海地区的风能资源主要集中在海岛和距海岸十多千米内的沿海陆地区域。内蒙等地内陆风能丰富，主要因受蒙古和贝加尔湖一带气压变化的影响，春季风力大，秋季次之。

二、风能较丰富地区：指一年内风速超过3米/秒在4000小时以上，6米/

我国风能资源丰富，潜力巨大

中国有效风功率密度分布图（W/M2）
Distribution of effective wind power density in China

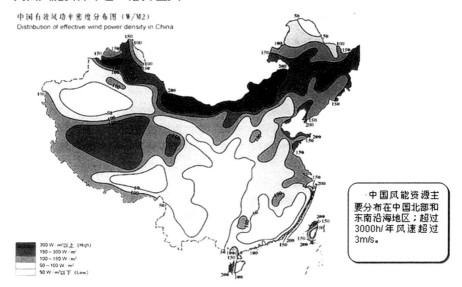

中国风能资源主要分布在中国北部和东南沿海地区；超过3000h/年风速超过3m/s。

200 W·m²以上（High）
150～200 W·m²
100～150 W·m²
50～100 W·m²
50 W·m²以下（Low）

△ 中国风能资源发布

秒以上的多于1500小时的地区、包括西藏高原的班戈地区、唐古拉山，西北的奇台、塔城，华北北部的集宁、锡林浩特、乌兰浩特；东北的嫩江、牡丹江、营口，以及沿海的塘沽、烟台、莱州湾、温州一带。该区风力资源的特点是有效风能密度为150～200瓦/平方米，3～20米/秒风速出现的全年累积时间为4000～5000小时。

三、风能可利用区：指一年内风速大于6米/秒的时间为1000小时，风速3米/秒以上，超过3000小时的地区。包括新疆的乌鲁木齐、吐鲁番、哈密，甘肃的酒泉，宁夏的银川，以及太原、北京、沈阳、济南、上海等地区。该区有效风能密度在50～150瓦/平方米之间，3～20米/秒风速年出现时间为2000～4000小时。该区在我国分布范围最广，一般风能集中在冬春两季。以上这三类地区大约占全国总面积2/3左右。

风能发电有哪些优越性

风力发电是世界上应用风能最广泛最重要的领域。风力发电的优越性主要有如下几个方面。

建造风力发电场费用比水力发电厂、火力发电厂、核电站低廉，只要风力不减弱，大型风力发电成本会低于火力发电。

不需要燃料，除正常维护外没有其他消耗。

风能是可再生的洁净能源，没有煤、油等燃烧所产生的环境污染问题。但是由于地形等原因，风能变化很大，分布很不均匀，例如我国风能区就主要集中在沿海和三北两大地带，在相同风速下，沿海风

△ 风能发电

能功率密度较三北的要大。一般来说，风力发电场都是设置在风能资源丰富的草原、山谷口、海岸边等场地，并由多台大型并网式风力发电机按照地形和主风向排成阵列，组成机群向电网供电，就像排在田地里的庄稼一样，故形象地称之为"风力田"。

为了使用户获得稳定而充足的电力供应，风力发电机可以和光电池实行互补发电。当风力很大而阳光较弱时，以风力发电为主、光电为辅；当天气晴朗、风力较小时，则以光电为主、风力发电为辅；若将风力发电、光电池、汽油/柴油机发电三者组成混合互补系统，其效果更佳。

风力发电的方式

风力用于发电还不到百年时间，但它却以其强大的生命力，成为今天风能开发利用的主力军，并更加看好于明天。

1890年，丹麦政府制订了一项风力发电计划，到1908年，就设计制造出72台5～25千瓦的风力发电机，1918年发展到120台。第一次世界大战后，随着战争发展起来的螺旋桨式飞机以及近代空气动力学理论，为设计风轮叶片奠定了理论基础，促使现代高速螺旋桨式叶片风轮出世。

1931年，苏联首次采用螺旋桨式叶片建造了一台大型风力发电机，风能利用系数达到0.32。第二次世界大战前后，美国和欧洲一些国家相继建造了一批大型风力发电机组。美国1941年建造了一台容量为1250千瓦的大型机组，风轮直径达53.3米。英国1953年建造了一台结构颇为独特的风力发电机。它由一个高26米的空心塔和一个直径24.4米的翼类开孔风轮组成。风轮运转时造成压力差，迫使空气从塔底通气孔进入塔内，穿过设置塔内的空气涡轮后从翼肋通气孔溢出。它的发电容量为100千瓦（风速14米/秒），但效率比较低。这一时期的小型风力发电机中，产量最大的是美国雅各斯。

风力发电公司生产的一种功率为1000瓦的机型，从1930～1957年，曾销售出数万台，20世纪70年代后又重新恢复生产。

在20世纪50年代，法国也曾建造过一座800千瓦的风力电站，但发生了叶片折断，后来终止发电。国际上现有风力电站，按容量大小可分为大、中、小三种。容量在10千瓦以下的为小型；10～100千瓦的中型；100千瓦以上的为大型。中小型风力发电设备的技术问题已经解决，主要用于充电、照明、卫星地面站电源、灯塔和导航设备的电源，以及边远地区人口稀少而民用电力达不到的地方。过去这种中小型风力电站都是孤立运行的，近期有的国家已把风力电站与电网并列运行，如德国设在斯捷京的一座100千瓦的风力电站，自1959年起一直向电网供电。

目前，世界上最大的风力发电装置已在丹麦日德兰半岛西海岸投入运行，发电能力为2000千瓦，风车高57米，所发电量75％送入电网，其余供附近一所学校用电。

大型风力发电设备，由于风轮直径大，制造困难，材料强度要求苛刻，以及风轮与发电机之间的传动问题还未完全解决，因此大型风力发电站仍处于研究试验阶段。

近20年来，风力发电在世界许多国家都有较大发展，包括电子计算机在内的大量新技术和新材料应用到风力发电领域，新一代风力发电机已经出现，品种和装机量日益增多。

应用的方式主要有以下几种。

一、风力独立供电

即风力发电机输出的电能经过蓄电池向负荷供电的运行方式，一般微小型风力发电机多采用这种方式，适用于偏远地区的农村、牧区、海岛等地方使用。不过，也有少数风能转换装置是不经过蓄电池直接向负荷供电的。

二、风力并网供电

即风力发电机与电网联接，向电网输送电能的运行方式。这种方式通常为中大型风力发电机所采用，不需考虑蓄能。

三、风力/柴油供电系统

即一种能量互补的供电方式，将风力发电机和柴油发电机组合在一个系统内，向负荷供电。在电网覆盖不到的偏远地区，这种系统可以提供稳定可靠和持续的电能，以达到充分利用风能，节约燃料的目的。

四、风/光系统

即将风力发电机与太阳能电池组成一个联合的供电系统，也是一种能量互补的供电方式。如果在季风气候区，采用这一系统可全年提供比较稳定的电能输出，可补充供电。

如何巧用风能

　　风能的弱点是能量密度低、稳定性差、常受气候影响、不连续（有季节性变化）等。为了克服上述风能的弱点，人们便想出了一些补救方法，如风光互补系统、风力蓄水发电等，再加上人造龙卷风发电、风帆助航、风力致热等，就构成了利用风能的多种形式。

　　风与光互补系统风力发电与太阳电池发电组成的联合供电系统，称为风光互补系统。风力发电和太阳电池发电都可输出直流电，同时可以用蓄电池组充电，并靠蓄电池向负荷提供稳定的电能，如果用户是使用交流电器，还可加装逆变器，将直流电变为交流电源。

　　其实太阳能与风能的弱点一样，都属于密度低、稳定性差，但二者合在一起，同时变为弱势的概率就小一些。尤其是就一般规律来说，白天太阳光强，夜间风多；夏天日照好，风力较弱；冬春季节风力较强，这样正好可以互补。因此在设计风力发电和光电系统时，要根据当地的气象条件，选择适当的容量搭配，并在蓄电池方面留有足够的余地，以保证负荷的需要。

　　不过，风光互补系统一次性投资较大，好在风力发电和太阳电池的寿命都较长，所以运转费用较低，只是蓄电池需要定期更换，但寿命较长，所以也不费事。

　　风力蓄水发电就是利用风力提水机，或风力发电带动水泵抽水，从而实现蓄能发电的水电站。在风力资源较好的地区，使风轮机不停地运转，将水电站的下游水打回水库，可以增加水电站的发电量，特别是对于一些水源不足或枯水期较长的水电站，利用风力提水最为合适。

　　特别是有些低风速的多叶片风力机，要求风速不高，运转时间比较长，可以做到细水长流。

　　一、逐级提水：例如美国亚利桑那州的凤凰风力大王公司，就有一种低速风力机，可在2.2米/秒的风速下，把水提高90米，这意味着在许多地方都可

△ 风力发电机

使用风力提水。

利用风力提水实际上就是蓄能的过程，在一定程度上不亚于蓄电池蓄电，尤其是大量蓄能。充分利用风蓄能不仅经济可行，而且能提高水电站的设备利用率。

二、人造龙卷风发电：在海洋和沙漠上空，由于太阳的辐射，热气流上升，冷空气下沉，形成上下流动的风。科学家们根据这种情况设计了一种巨大的筒状物，并让它漂浮在海洋或沙漠上空，然后用人工方式引导气流在桶内上下升降，从而驱动涡轮机进行风力发电。以色列的风能塔，就是利用这种方法试验建成的。

我国风能利用前景如何

我国从20世纪50年代开始研制小型现代化风力提水装置和小型风力发电机组，仅江苏省1959年就有20余万台提水风车。但限于经济技术条件，试验研究工作受挫而停顿。20世纪70年代，我国研制出不同级别的小型风电机，开始发展中型风电机。20世纪80年代开始研究现代

△ 达坂城风电场

风力机。1996年，国家计委制订"乘风计划"，建成17个风电场，装机合计57700千瓦，并对新疆乌鲁木齐附近的达坂城风电场、内蒙古辉腾锡勒、河北张北等四个风电场进行重点改造。1998年年底，全国安装微型机组178574台，总装机容量1.68万千瓦。1999年，自行研制的250千瓦风力发电机组并网发电，容量系数达到0.40～0.55，全国风力发电达1亿千瓦时以上。我国第一台600千瓦大型风力发电机于2000年制造成功。中国地域辽阔，风力资源丰富，风能理论可开发总量（10米高度）为32.26亿千瓦，排世界第三位，实际可开发量按1/10估算，也可高达2.53亿千瓦，这一数字为我国目前发电总量的1.3倍，发展潜力很大。风电应是我国西部和海洋风资源丰富的沿海地区电力资源的重要组成部分。特别是中共中央制定和推进了西部大开发战略，对于这些缺水和交通不便的边远地区来说，风电更是他们解决能源和环境保护问题的首选方法之一。

地热的热利用

中低温地热的直接利用在我国非常广泛，已利用的地热点有1300多处，地热采暖面积达800多万平方米，地热温室、地热养殖和温泉浴疗也有了很大的发展。

地热供暖主要集中在我国的北方城市，其基本形式有两种：直接供暖和间接供暖。直接供暖就是以地热水为工质供热，而间接供暖是利用地热热水加热供热介质再循环供热。地热水供暖方式的选择主要取决于地热水所含元素成分和温度，间接供暖的初投资较大（需要中间换热器），并由于中间热交换增加了热损失，这对中低温地热来说会大大降低供暖的经济性，所以一般间接供暖用在地热水质差而水温高的情况，限制了其应用场合。

地热水从地热井中抽出直接供热，系统设备简单，基建、运行费少，但地热水不断被废弃，当大量开采时会使水位由于补给不足而逐年下降，局部形成水漏斗，深井越打越深，还会造成地面沉降的严重后果，所以直接使用地热水有诸多弊端。研究成果表明，地热水直接利用系统的水量利用率只有34％，而热量利用率只有18％，排入水体的地热水会造成热污染和其他污染。为了保护水资源和节约能源，保护生态环境，保证经济可持续发展，解决合理开采利用地热水问题刻不容缓。

采用有热泵和回灌的新系统，综合利用地热水的热能用于供暖和热水供应，可以有效解决这一问题。近年来，地热热泵技术在我国的研究和应用受到重视，有着非常广阔的市场前景。合理利用地源热泵技术，可实现不同温度水平的地热资源的高效综合利用，提高空调供热的经济性。

热泵分为空气源热泵（利用空气作冷热源的热泵）和水源热泵（利用水作冷热源的热泵）。地源热泵是一种利用地下浅层地热资源把热从低温端提到高温端的设备，是利用水源热泵的一种形式。它是利用水与地能进行冷热交换来作为水源热泵的冷热源，是一种既可供热又可制冷的高效节能空调系统。冬季时，地源热泵把地能中的热量取出来，供给室内采暖。此时地能为热源；夏季时，地源热泵把室内热量取出来，释放到地下水、土壤或地表水中。此时地能为冷源。通常，地源热泵消耗1千瓦的能量可为用户带来4千瓦以上的热量或冷量。

△ 地热能利用示意图

地源热泵具有下面一些特点。

一、节能效率高。地能或地表浅层地热资源的温度一年四季相对稳定，冬季比环境空气温度高，夏季比环境空气温度低，是很好的热泵热源和空调冷源。这种温度特性使得地源热泵比传统空调系统运行效率高出40%，因此达到了节能和节省运行费用的目的。

二、可再生循环。地源热泵是利用地球表面浅层地热资源（通常小于400m深）作为冷热源而进行能量转换的供暖空调系统。地表浅层地热资源可以称之为地能，是指地表土壤、地下水或河流、湖泊中吸收太阳能或地热能而蕴藏的低温位热能，它不受地域、资源等限制，量大面广、无处不在。这种储存于地表浅层近乎无限的可再生能源，使得地能也成为一种清洁的可再生能源。

三、应用范围广泛。地源热泵系统可用于采暖、空调，还可供生活热水，一机多用，一套系统可以替换原来的锅炉加空调的两套装置或系统。该系统可应用于宾馆、商场、办公楼、学校等建筑，更适合于别墅住宅的采暖、空调。

地热发电

世界上最早利用地热发电的国家是意大利。1812年意大利就开始利用地热温泉提取硼砂，并于1904年建成了世界上第一座80千瓦的小型地热试验电站。

到目前为止，世界上约有32个国家先后建立了地热发电站，总容量已超过800万千瓦，其中美国有281.7万千瓦；意大利有151.8万千瓦；日本有89.5万千瓦；新西兰有75.5万千瓦；中国有3.08万千瓦。单机容量最大的是美国盖伊塞地热站的11号机，为10.60万千瓦。

随着全世界对洁净能源需求的增长，将会更多地使用地热资源，特别是在许多发展中国家地热资源尤为丰富。据预测，今后世界上地热发电将有相当规模的发展，全世界发展中国家理论上从火山系统就可取得8000万千瓦的地热发电量，具有很大的发展潜力。

我国进行地热发电研究工作起步较晚，始于20世纪60年代末期。1970年5月首次在广东丰顺建成第一座设计容量为86千瓦的扩容法地热发电试验装置，地热水温度91℃，厂用电率为56%。随后又相继建成江西温汤、山东招远、辽宁营口、北京怀柔等地热试验电站共11座，容量大多为几十至一两百千瓦。

采用的热力系统有扩容法和中间介质法两种（均属于中低温地热田）。到目前为止，我国最大的西藏羊八井地热电站一直在安全稳定运行。

科学家们根据不同类型的地热资源的特点，经过较长时间的理论和试验研究，确立了二类多种地热发电站的热力系统，现分述如下。

一、地热蒸汽发电热力系统

地热井中的蒸汽经过分离器除去地热蒸汽中的杂质（10um及以上）后直接引入普通汽轮机做功发电。适用于高温（160℃以上）地热田的发电，系统简单，热效率为10～15%，厂用电率12%左右。

△ 地热发电厂

二、扩容法地热水发电热力系统

根据水的沸点和压力之间的关系，把地热水送到一个密闭的容器中降压扩容，使温度不太高的地热水因气压降低而沸腾，变成蒸汽。由于地热水降压蒸发的速度很快，是一种闪急蒸发过程，同时地热水蒸发产生蒸汽时它的体积要迅速扩大，所以这个容器叫做"扩容器"或"闪蒸器"，用这种方法产生蒸汽来发电就叫扩容法地热水发电。这是利用地热田热水发电的主要方式之一，该方式分单级扩容法系统和双级（或多级）扩容法系统。系统原理：扩容法是将地热井口来的中温地热汽水混合物，先送到扩容器中进行降压扩容（又称闪蒸）使其产生部分蒸汽，再引到常规汽轮机做功发电。扩容后的地热水回灌地下或作其他方面用途。适用于中温（90～160℃）地热田发电。

1.单级扩容法系统。单级扩容法系统简单，投资低，但热效率较低（一般比双级扩容法系统低20%左右），厂用电率较高。

2.双级扩容法系统。双级扩容法系统热效率较高，厂用电率较低。但系统复杂，投资较高。

三、中间介质法地热水电热力系统

又叫热交换法地热发电，这种发电方式不是直接利用地下热水所产生的蒸汽进入汽轮机做功，而是通过热交换器利用地下热水来加热某种低沸点介质，使之变为气体去推动汽轮机发电，这是利用地热水发电的另一种主要方式。

系统原理：在蒸发器中的地热水先将低沸点介质（如氟利昂、异戊烷、异丁烷、正丁烷、氯丁烷）加热使之蒸发为气体，然后引到普通汽轮机做功发电。排气经冷凝后重新送到蒸发器中，反复循环使用。适用于充分利用低温（50～100℃）地热田发电。

该方式分单级中间介质法系统和双级（或多级）中间介质法系统。

1.单级中间介质法系统。单级中间介质法系统简单，投资少，但热效率低（比双级低20％左右），对蒸发器及整个管路系统严密性要求较高（不能发生较大的泄漏），还要经常补充少量中间介质。一旦发生泄漏，对人体及环境将会产生危害和污染。

2.双级（或多级）中间介质法系统。双级（或多级）中间介质法热力系统热效率高，但系统复杂、投资高，对蒸发器及整个管路系统严密性要求较高，也存在防泄漏和经常需补充中间介质的问题。

何谓海洋能

　　我们生活的地球表面积约为$5.1×108km2$，其中陆地表面积为$1.49×108km2$，占29%；海洋面积达$3.61×108km2$，占71%。以海平面计，全部陆地的平均海拔约为840m，而海洋的平均深度却为380m，整个海水的容积多达$1.37×109km3$。浩瀚无边的海洋汇集了97%的水量，不仅为人类提供航运、水产和丰富的矿藏，而且还蕴藏着巨大的能量。随着陆地资源的不断消耗，人类赖以生存与发展的能源，将越来越依赖于海洋。我国大陆的海岸线长达1.8万km，海域面积470多万$km2$，海洋能资源非常丰富。通常海洋能是指依附在海水中的可再生能源，包括潮汐能、波浪能、海洋温差能、海洋盐差能和海流能。其中潮汐能是一种利用水位变化所产生的位能及水流所产生的动能（潮流能）而获得的一种有效能源；波浪能是指海洋表面波浪所具有的动能和势能；海洋温差能是利用深部海水与表面海水的温度差产生有用的能源；海洋盐差能是利用两处含盐分高与含盐分低的海流，混合产生渗透压作为动力而产生的能源；海流能是利用高速度的洋流或潮流带动，结合水车、推进器及降落伞状物的水中电厂而将其转换为有用的能源。更广义的海洋能源还包括海洋上空的风能、海洋表面的太阳能以及海洋生物质能等。潮汐能和潮流能来源于太阳和月亮对地球的引力变化，其他形式的海洋能基本上源于太阳辐射。海洋能源按储存形式又可分为机械能、热能和化学能。其中，潮汐能、海流能和波浪能为机械能，潮汐的能量与潮差大小和潮量成正比。波浪能量的大小与波高的平方和波动水域面积成正比。海水温差能为热能，海水盐差能为化学能。

　　海洋能具有自身显著的特点。

　　一、蕴藏量大且可以再生利用。海洋能来源于太阳辐射能与天体间的万有引力，只要太阳、月球等天体与地球共存，这种能源就会再生，就会取之不尽，用之不竭。

△ 海洋蕴涵着大量的能量

二、能流的分布不均且密度低，大洋表面层与500～1000m深层之间的较大温差仅20℃左右，沿岸较大潮差约7～10m，而近海较大潮流、海流的流速也只有4～7km。

三、海洋能有较稳定与不稳定能源之分。较稳定的为温度差能、盐度差能和海流能；不稳定能源分为变化有规律与变化无规律两种。属于不稳定但变化有规律的有潮汐能与潮流能；既不稳定又无规律的是波浪能。

四、海洋能属于清洁能源，其本身对环境污染影响很小。海洋能利用的关键环节是能量转换，不同形式的海洋能其能量转换技术原理和装置也不同。

全球海洋能的可再生量很大，虽然海洋能的强度较常规能源为低，但在可再生能源中，海洋能仍具有可观的能流密度。据权威统计，全世界海洋能的理论可再生量超过760亿千瓦。其中，海水温差能约400亿千瓦，盐度差能约300亿千瓦，潮汐能大于30亿千瓦，波浪能约30亿千瓦。目前，世界各国正竞相探索海洋能开发利用技术。

海洋能的能量是如何转换的

海洋通过各种物理过程接收、储存和散发能量。这些不同形式的能量有的已经被人类利用，有的已经被列入开发利用计划。

潮汐能是以位能形态出现的海洋能，是指海水潮涨和潮落形成的水的势能。海水涨落的潮汐现象是由地球和天体运动以及它们之间的相互作用而引起的。在海洋中，月球的引力使地球的向月面和背月面的水位升高。由于地球的旋转，这种水位的上升以周期为12小时25分钟和振幅小于1m的深海波浪形式由东向西传播。太阳引力的作用与此相似，但是作用力小些，其周期为12小时。当太阳、月球和地球在一条直线上时，就产生大潮；当它们成直角时，就产生小潮。除了半日周期潮和月周期潮的变化外，地球和月球的旋转运动还产生许多其他的周期性循环，其周期可以从几天到数年。同时地表的海水又受到地球运动离心力的作用，月球引力和离心力的合力正是引起海水涨落的引潮力。除月球、太阳外，其他天体对地球同样会产生引潮力。虽然太阳的质量比月球大得多，但太阳离地球的距离也比月球与地球之间的距离大得多，所以其引潮力还不到月球引潮力的一半。如果用万有引力计算，月球所产生的最大引潮力可使海水面升高0.563m，太阳引潮力的作用为0.246m，但实际的潮差却比上述计算值大得多。如我国杭州湾的最大潮差达8.93m，北美加拿大芬地湾最大潮差更达19.6m。这种实际与计算的差别目前尚无确切的解释。一般认为当海洋潮汐波冲击大陆架和海岸线时，通过上升、收聚和共振等运动，使潮差增大。潮汐能的能量与潮量和潮差成正比，或者说与潮差的平方和水库的面积成正比。世界上潮差的较大值约为13～15m，但一般说来，平均潮差在3m以上就有实际应用价值。潮汐是因地而异的，不同的地区常有不同的潮汐系统，它们都是从深海潮波获取能量，但具有各自独特的特征。尽管潮汐很复杂，但对任何地方的潮汐都可以进行准确预报。海洋潮汐从地球的旋转中获得能量，并在吸收能量过程中使地球旋转减慢。这种能量通过浅海区和海岸区的摩擦，以1.7TW的速率消散。只有出现大潮，能量集中时，并且在地理条件适于建造潮汐电站的地方，从潮汐中提取能量才有可能。虽然这样的场所并不是到处都有，但世界各国已选定了相当数量的适宜开发潮汐能的站址。据最新的估算，全世界潮汐

△ 海洋能发电

能的理论蕴藏量约$3×10^9$千瓦。我国漫长的海岸蕴藏着十分丰富的潮汐能资源。我国潮汐能的理论蕴藏量达$1.1×10^8$千瓦，其中浙江、福建两省蕴藏量最大，约占全国的80.9%，但这都是理论估算值，实际可利用的远小于上述数字。

波浪能是指海洋表面波浪所具有的动能和势能。波浪的能量与波高的平方、波浪的运动周期以及迎波面的宽度成正比。波浪能是海洋能源中能量最不稳定的一种能源。波浪能是由风把能量传递给海洋而产生的，它实质上是吸收了风能而形成的。能量传递速率和风速有关，也和风与水相互作用的距离（即风区）有关。水团相对于海平面发生位移时，使波浪具有势能，而水质点的运动，则使波浪具有动能。储存的能量通过摩擦和湍动而消散，其消散速度的大小取决于波浪特征和水深。深水海区大浪的能量消散速度很慢，从而导致了波浪系统的复杂性，使它常常伴有局地风和几天前在远处产生的风暴的影响。

实际上波浪功率的大小还与风速、风向、连续吹风的时间、流速等诸多因素有关。波浪能的能级一般以千瓦/m表示，代表能量通过一条平行于波前的1m长的线的速率。南半球和北半球40°～60°纬度间的风力最强。信风区（赤道两侧30°经纬度之内）的低速风也会产生很有吸引力的波候，因为这里的低速风比较有规律。在盛风区和长风区的沿海，波浪能的密度一般

都很高。例如，英国沿海、美国西部沿海和新西兰南部沿海等都是风区，有着特别好的波候。而我国的浙江、福建、广东和中国台湾沿海为波能丰富的地区。据估计全世界可开发利用的波浪能达2.5TW。我国沿海有效波高约为2～3m、周期为9秒的波列，波浪功率可达17～39千瓦/m，渤海湾更高达42千瓦/m。温差能是指海洋表层海水和深层海水之间水温之差的热能。海洋是地球上一个巨大的太阳能集热和蓄热器。由太阳投射到地球表面的太阳能大部分被海水吸收，使海洋表层水温升高。赤道附近太阳直射多，其海域的表层温度可达25～28℃，波斯湾和红海由于被炎热的陆地包围，其海面水温可达35℃。而在海洋深处500～1000m处海水温度却只有3～6℃。这个垂直的温差就是一个可供利用的巨大能源。在大部分热带和亚热带海区表层水温和1000m深处的水温相差20℃以上，这是热能转换所需的最小温差。据估计，如果利用这一温差发电，其功率可达2TW。世界上蕴藏海洋热能资源的海域面积达6000万平方米，发电能力可达几万亿W。由于海洋热能资源丰富的海区都很遥远。而且根据热动力学定律，海洋热能提取技术的效率很低，因此可资利用的能源量是非常小的。但是海洋热能的潜力仍相当可观，许多具有最大温度梯度的海区都位于发展中国家的海域，可为这些国家就地提供能源。根据中国海洋水温测量资料计算得到的中国海域的温差能约为1.5×10^8千瓦，其中99%在南中国海。南海的表层水温年均在26℃以上，深层水温（800m深处）常年保持在5℃，温差为21℃，属于温差能丰富区域。

盐差能是以化学能形态出现的海洋能。地球上的水分为两大类：淡水和咸水。全世界水的总储量为$1.4 \times 10^9 km^3$，其中97.2%为分布在大洋和浅海中的咸水。在陆地水中，2.15%为位于两极的冰盖和高山的冰川中的储水，余下的0.65%才是可供人类直接利用的淡水。海洋的咸水中含有各种矿物和大量的食盐，1km3的海水里即含有3600万吨食盐。在淡水与海水之间有着很大的渗透压力差（相当于240m的水头）。从理论上讲，如果这个压力差能利用起来，从河流流入海中的每立方英尺（1立方英尺=$2.83 \times 10^{-2} m^3$）的淡水可发0.65千瓦时的电。一条流量为$1m^3/s$的河流的发电输出功率可达2340千瓦。从原理上来说，可通过让淡水流经一个半渗透膜后再进入一个盐水水池的方法来并发这种理论上的水头。如果在这一过程中盐度不降低的话，产生的渗透压力足可以将水池水面提高240m，然后再把水池水泄放，让它流经水轮机，从而提取能量。从理论上来说，如果用很有效的装置来提取世界上所有河流的这种能量，那么可以获得约2.6TW的电力。更引人注目的是盐矿藏的潜力。在死海，淡水与咸水间的渗透压力相当于5000m的水头，而大洋海水只有240m的水头。盐穹中的大量干盐拥有更密集的能量。利用大海与陆地河口交界水域的盐度差所潜藏的巨大能量一直是科学家的理想。在20世纪70年代，各国开展了许多调查研究，以寻求提取盐差能的方法。实际上开发利用盐度差能资源的难度很大，上面引用的简单例子中的淡水是会冲淡盐水的，因此为了保持盐度梯度，还需要不断地向水池中加入盐水。如果这个过程连续不断地进行，水池的水面会高出海平面240m。对于这样的水头，就需要很大的功率来泵取咸海水。目前已研究出来的最好的盐差能实用开发系统非常昂贵。这种系统利用反电解工艺（事实上是盐电池）来从咸水中提取能量。也可利用反渗透方法使水位升高，然后让水流经涡轮机，这种方法的发电成本可高达10～14美元/千瓦时。还有一种技术可行的方法是根据淡水和咸水具有不同蒸汽压力的原理，使水蒸发并在盐水中冷凝，利用蒸汽气流使涡轮机转动。这种过程会使涡轮机的工作状态类似于开式海洋热能转换电站。这种方法所需要的机械装置的成本也与开式海洋热能转换电站几乎相等。但是，这种方法在战略上不可取，因为它消耗淡水，而海洋热能转换电站却生产淡水。盐差能的研究结果表明，其他形式的海洋能比盐差能更值得研究开发。据估计，世界各河口区的盐差能达30TW，可能利用的有2.6TW。我国的盐差能估计为1.1×10^8千瓦，主要集中在各大江河的出海处。同时，我国青海省等地还有不少内陆盐湖可以利用。

　　海流能是另一种以动能形态出现的海洋能。所谓海流主要是指海底水道和海峡中较为稳定的流动以及由于潮汐导致的有规律的海水流动。其中一种是海水环流，是指大量的海水从一个海域长距离地流向另一个海域。这种海水环流通常由两种因素引起：首先海面上常年吹着方向不变的风，如赤道南侧常年吹着不变的东南风，而其北侧则是不变的东北风。风吹动海水，使水表面运动起来，而水的动性又将这种运动传到海水深处。随着深度增加，海水流动速度降低；有时流动方向也会随着深度增加而逐渐改变，甚至出现下层海水流动方向与表层海水流动方向相反的情况。在太平洋和大西洋的南北两半部以及印度洋的南半部，占主导地位的风系造成了一个广阔的，也是按反时针方向旋转的海水环流。在低纬度和中纬度海域，风是形成海流的主要动力。其次不同海域的海水温度和含盐度常常不同，它们会影响海水的密度。海水温度越高，含盐量越低，海水密度就越小。这种两个邻近海域海水密度不同也会造成海水环流。海水的流动会产生巨大能量。据估计，全球海流能高达5TW。海流能的能量与流速的平方和流量成正比。相对波浪而言，海流能的变化要平稳且有规律得多。潮流能随潮汐的涨落每天2次改变大小和方向。一般来说，最大流速在2m/s以上的水道，其海流能均有实际开发的价值。全世界海流能的理论估算值约为10^8千瓦量级。利用中国沿海130个水道、航门的各种观测分析资料，计算统计获得中国沿海海流能年平均功率理论值约为1.4×10^7千瓦。其中辽宁、山东、浙江、福建和中国台湾沿海的海流能较为丰富，不少水道的能量密度为15～30千瓦/m^2，具有良好的开发值。值得指出的是，中国的海流能属于世界上功率密度最大的地区之一，特别是浙江舟山群岛的金塘、龟山和西侯门水道，平均功率密度在20千瓦/m^2以上，开发环境和条件很好。

潮汐、波浪、潮流和海流能的利用仅需将机械能转换为电能，一般分为3步：第一步是接受能量，如建造潮汐水库，用以接受、蓄储潮汐能；采用转轮（水车）以吸收海流、潮流动能；用水柱-气室、随波浪升降或摇摆的浮子、可压缩气袋等接受波浪能。第二步是传输，通常用机械、液力、气动等方法，传输终端一般设置水轮机或汽轮机。潮汐电站采用适应低水位差的灯泡贯流式水轮机组或全贯流式水轮机组；而波能的传输近年来采用对称翼型空气涡轮机，在波浪作用下能作单方向旋转。第三步是转换成电力或其他动力。通常通过发电机转换成电力。由于海洋能不稳定，所以在整个转换过程中一般还需备有储能设施，如水库、气罐、蓄电池和飞轮等。

各种海洋能的蕴藏量是巨大的，沿海各国，特别是美国、俄罗斯、日本、法国等国都非常重视海洋能的开发。从各国的情况看，潮汐发电技术比较成熟。利用波能、盐度差能、温度差能等海洋能进行发电还不成熟，目前正处于研究试验阶段。这些海洋能至今没被利用的原因主要有两方面：第一，经济效益差，成本高；第二，一些技术问题还没有过关。尽管如此，不少国家一面组织研究解决这些问题，一面在制定宏伟的海洋能利用规划。从发展趋势来看，海洋能必将成为沿海国家，特别是那些发达的沿海国家的重要能源之一。

海水盐差能发电吗

科学研究证明，两种含盐量不同的海水在同一容器中，会由于盐类离子的扩散而产生化学电位差能。同时，利用一定的转换方式，可以使这种化学电位差能转换成为电能。江河入海口处是利用海水盐差能量最理想的场所。这是因为在江河入海口处，含盐极少的江河水总是源源不断地涌入大海，而海水本身含有较多的盐分，因而海水与江河水之间就会形成盐浓度差，我们只要将两个电极分别插进海水和江河水里，并且用导线把这两个电极连接起来，那么电流就会源源不断。近年来迅速发展的海洋盐差发电技术，就是利用这种原理工作的。当两种不同盐度的海水被一层只能通过水分而不能通过盐分的半透膜相分割的时候，两边的海水就会产生一种渗透压，促使水从浓度低的一侧通过这层膜向浓度高的一侧渗透，使浓度高的一侧水位升高，直到膜两侧的含盐浓度相等。有人通过理论计算，江河入海处的海水渗透压可以相当于240m高的水位落差。位于亚洲西部的死海，盐度要高出一般海水的7～8倍，渗透压可以达到500个大气压，相当于5000m高的大坝水头。为了探索海水盐差发电的效果，以色列一位名叫洛布的科学家在死海与约旦河交汇的地方进行实验，利用渗透压原理设计而成的压力延滞渗透能转换装置，取得了令人满意的成果。美国俄勒冈大学的科学家利用渗透原理，研制出了一种新型的渗透压式盐差能发电系统。这种系统把发电机组安装在水深为228m以上的海床上，河流的淡水从管道输送到发电机组。安装在排出口前端的半透膜只能通过淡水，不能通过海水。若将发电机组安装在海面228m以下的地方，海水的静压力就会超过渗透压。这时就会发生相反的过程，淡水向反向输送。由于排出的淡水密度比周围海水小，因而上浮混合，而在底部保持稳定的盐度差。这种发电系统是一种很有发展前途的渗透压式盐差能发电系统。

现在，人们正在研究开发一种新型的蒸汽压式盐差能发电系统。在同

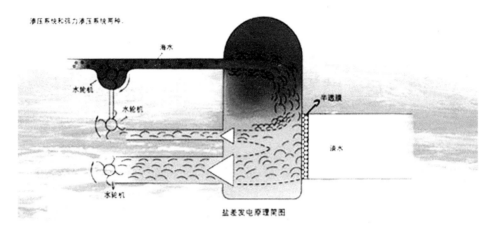

渗压系统和强力渗压系统两种.

海水

水轮机

水轮机

半透膜

淡水

水轮机

盐差发电原理简图

△ 海水盐差能发电原理

样的温度下淡水比海水蒸发得快。因此海水一边的蒸汽压力要比淡水一边低得多，于是在空室内，水蒸气会很快从淡水上方流向海水上方。只要装上涡轮，就可以利用盐差能进行工作。利用蒸汽压式盐差能发电不需要处理海水，也不用担心生物附着和污染。此外，人们还采用机械-化学式盐差能发电系统和渗析式盐差能发电系统等方式来获得电能。海水盐差能利用的转换方法近年来才开始研究。如有一种设想是在河口入海处建造两座堤坝，中间为缓冲水库，在缓冲水库与外海的通道内设置半透膜。缓冲水库内的淡水通过半透膜渗出，其渗透压力导致缓冲水库的水位降低，利用缓冲水库与河流的水位差可以发电。

这种方法由于进出水量相当大，故所需的工程规模也很大。据科学家分析，全世界海洋内储藏的盐差能总输出功率可以达到35亿千瓦之多。而且大部分海水在循环中会得到不断的更新和补充，因此它那巨大的能量，正等待着人们努力探索和开发。

海水温差能发电吗

温差能是指海洋表层海水和深层海水之间水温之差的热能：一方面，海洋的表面把太阳辐射能的大部分转化成为热水并储存在海洋的上层；另一方面，接近冰点的海水大面积地在不到1000m的深度从极地缓慢地流向赤道。这样，就在许多热带或亚热带海域终年形成20℃以上的垂直海水温差。利用这一温差可以实现热力循环并发电。海洋温差发电之工作原理与目前使用之火力、核能发电原理相类似，首先利用表层海水蒸发，低蒸发温度之工作流体如氨、丙烷或氟利昂，使其汽化推动涡轮发电机发电，然后利用深层冷海水冷却工作流体成液态，再予反复使用。除了发电之外，海洋温差能利用装置还可以同时获得淡水、深层海水等。因此，温差能装置可以建立海上独立生存空间并作为海上发电厂、海水淡化厂或海洋采矿、海上城市或海洋牧场的支持系统。总之，温差能的开发应以综合利用为主。

海水温差能是一种热能。低纬度的海面水温较高，与深层水形成温度差，可产生热交换。其能量与温差的大小和热交换水量成正比。海水温差能的利用是将热能转为机械能后，再转换为电能。热能转换为机械能采取热力循环法，通常的流程有两种：

一、闭路循环（又称中间介质法）。采用由蒸发器、汽轮发电机、冷凝器和工质泵组成的系统，蒸发器里通过海洋表层热水，冷凝器里通过海洋深层冷水，工质泵把液态氨或其他工质作为中间介质从冷凝器泵入蒸发器，液态氨因热水作用变为高压氨气，驱动汽轮机发电；而从汽轮机出来的低压气态氨回到冷凝器又重新冷却成液态氧，如此形成闭路循环。

二、开路循环（又称闪蒸法或扩容法）。把热海水在部分真空的蒸发器（闪蒸器）内蒸发成蒸汽，驱动汽轮机发电；使用过的低压蒸汽再进入冷凝器中冷却，冷凝的脱盐水或回收，或排入海洋。早期的实验装置多采取开路循环流程，由于设备易受腐蚀，20世纪60年代后改用闭路循环流程。海水温

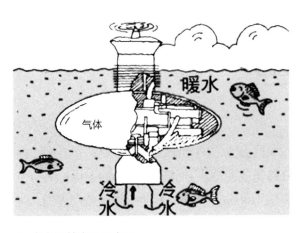

△ 海水温差发电示意图

差发电实际利用的热效率很低，往往只有2%左右，所处理的冷、热水量较多，故相应的各种部件尺寸都很庞大，伸向海底深水层的长冷水管技术难度较大。首次提出利用海水温差发电设想的，是法国物理学家阿松瓦尔。1926年，阿松瓦尔的学生克劳德试验成功海水温差发电。1930年，克劳德在古巴海滨建造了世界上第一座海水温差发电站，获得了10千瓦的功率。1979年，美国在夏威夷的一艘海军驳船上安装了一座海水温差发电试验台，发电功率53.6千瓦。1981年，日本在南太平洋的瑙鲁岛建成了一座100千瓦的海水温差发电装置，1990年又在鹿儿岛建起了一座兆瓦级的同类电站。海水温差发电涉及耐压、绝热、防腐材料、热能利用效率等诸多问题，目前各国仍在积极探索中。日本一家从事环境风险投资的企业和佐贺大学共同开发了一套海洋温差发电系统，并在印度南部的海域进行实验，以证实海洋温差发电的可行性。

海洋温差发电主要采用开式和闭式两种循环系统。在开式循环中，表层温海水在闪蒸蒸发器中由于闪蒸而产生蒸汽，蒸汽进入汽轮机做功后流入凝汽器，由来自海洋深层的冷海水将其冷却。在闭式循环中，来自海洋表层的温海水先在热交换器内将热量传给丙烷、氨等低沸点工质，使之蒸发，产生的蒸汽推动汽轮机做功后再由冷海水冷却。利用海洋温差发电的概念最早于1881年提出。但是世界上大部分科技发达的国家都处于纬度较高的温、寒带地区，或者是内陆国，没有发展海洋温差发电的基本条件。直到1979年在美国夏威夷建成世界上第一座海洋温差发电装置后，各国才开始重视这一新方法。目前日本在海洋能开发利用方面十分活跃，专门成立了海洋温差发电研究所，并在海洋热能发电系统和热交换器技术领域领先美国。1999年11月，日本和印度联合进行的1000千瓦海洋温差发电实验成功，推动了该技术的实用化。

温差能利用的最大困难是温差太小，能量密度太低。温差能转换的关键是强化传热传质技术。同时温差能系统的综合利用，还是一个多学科交叉的系统工程问题。我国南海海域辽阔，水深大于800m的海域约140～150万km²，位于北回归线以南，太阳辐射强烈，是典型的热带海洋，表层水温均在25℃以上。500～800m以下的深层水温在5℃以下，表深层水温

△ 海水温差发电站

差在20～24℃，蕴藏着丰富的温差能资源。据初步计算，南海温差能资源理论蕴藏量约为（1.19～1.33）×10^{19}kJ，技术上可开发利用的能量（热效率取7%）约为（8.33～9.31）×10^{17}kJ，实际可供利用的资源潜力（工作时间取50%，利用资源10%）装机容量达13.21～14.76亿千瓦。我国台湾岛以东海域表层水温全年在24～28℃，500～800m以下的深层水温在5℃以下，全年水温差20～24℃。据中国台湾电力专家估计，该区域温差能资源蕴藏量约为2.16×10^{14}kJ。

我国温差能资源蕴藏量大，在各类海洋能资源中占居首位，这些资源主要分布在南海和中国台湾以东海域，尤其是南海中部的西沙群岛海域和中国台湾以东海区，具有日照强烈、温差大且稳定、全年可开发利用、冷水层离岸距离小等优点，开发利用条件良好，可作为我国温差能资源的先期开发区。

海水潮汐能发电吗

在地球旋转过程中，围绕地球旋转的月球对地球上的海洋产生一定的引力，使海洋表面每12小时25分钟形成一次周期性循环，一个周期内海水分别涨落一次。在此过程中，海水沿着海床来回流动，这就形成了潮汐。这种真实月球引力和平均引力的差值被称为干扰力，干扰力的水平分量迫使海水移向地球、月球连线并产生水峰。对应于高潮的水峰，每隔24小时50分钟（即月球绕地球一周所需时间）发生两次，亦即月球每隔2小时25分钟即导致海水涨潮一次，此种涨潮称为半天潮。潮汐导致海水平面的升高与降低呈周期性。每一月份满月和新月的时候，太阳、地球和月球三者排列成一直线。此时由于太阳和月球累加的引力作用，使得产生的潮汐较平时高，此种潮汐称为春潮。当地球、月球和地球、太阳成一直角，则引力相互抵消，因此而产生的潮汐较低，是为小潮。各地的平均潮距不同，如某些地区的海岸线会导致共振作用而增强潮距，而其他地区海岸线却会降低潮距。影响潮距的另一因素科氏力，其源自流体流动的角动量守恒。若洋流在北半球往北流，其移动接近地球转轴，故角速度增大，因此洋流会偏向东方流，即东部海岸的海水较高；同样若北半球洋流流向南方，则西部海岸的海水较高。潮汐是由月球的引潮力可使海面升高0.246m，在两者的共同作用下，潮汐的最大潮差为8.9m，北美芬迪湾蒙克顿港最大潮差竟达19.6m。

据计算，世界海洋潮汐能蕴藏量约为27亿千瓦，若全部转换成电能的话，每年发电量大约为1.2万亿千瓦时。潮汐发电严格地讲应称为"潮汐能发电"，它是海洋能利用中发展最早、规模最大、技术较成熟的一种，在一千多年前的唐朝，我国沿海居民就利用潮力碾谷子，在山东地区就发现早期的潮汐磨。11世纪的欧洲西海岸的潮汐磨房使早期工业国家走上发财致富的道路，并把它带到美洲新大陆。1600年，法国人在加拿大东海岸建起美洲第一个潮汐磨。在英国萨福尔克至今还保留着一个12世纪的潮汐磨，还在碾谷子供游客参观。现代海洋能源开发主要就是指利用海洋能发电。利用海洋能发电的方式很多，其中包括波力发电、潮汐发电、潮流发电、海水温差发电和海水含盐浓度差发电等，而国内外已开发利用海洋能发电主要是潮汐发电。由于潮汐发电的开发成本较高和技术上的原因，所以发展不快。潮汐发电与水力发电的原理相似，它是利用潮水涨、落产生的水位差所具有势能来发电的，也就是把海水涨、落潮的能量变为机械能，再把机械能转变为电能（发电）的过程。具体地说，潮汐发电就是在海湾或有潮汐的河口建一拦水堤坝，将海湾或河口与海洋隔开构成水库，再在坝内或坝房安装水轮发电机组，然后利用潮汐涨落时海水位的升降，使海水通过轮机转动水轮发电机组发电。

　　潮汐发电的实际应用要首推1912年在德国的胡苏姆兴建的一座小型潮汐电站，由此开始把潮汐发电的理想变为现实。世界上第一座具有经济价值，而且也是目前世界上最大的潮汐发电站，是1966年在法国西部沿海建造的朗斯洛潮汐电站，它使潮汐电站进入了实用阶段，其装机容量为24千瓦，年均发电量为5.44亿千瓦时。1968年苏联巴伦支海建成的基斯洛潮汐电站，其总装机容量为800千瓦，年发电量为230万千瓦时。中国沿海已建成9座小型潮汐电站，1980年建成的江厦潮汐电站是我国第一座双向潮汐电站，也是目前世界上较大的一座双向潮汐电站，其总机容量为3200千瓦，年发电量为1070万千瓦时。

　　据《德国之声》报道，欧洲科学家最近开发出一种利用海水潮汐能发电的新技术，将一个开放式的"风车"放置海底，利用海水的流动来转动叶片使之发电。科研人员已开发出第一台试验样机，并于近日，在英国西海岸试运行。这项耗资600万欧元的研究项目由德国、英国和欧盟提供资助，数家欧洲研究机构参与。首台被命名为"海流"的试验样机安置在英国西海岸布里斯托尔湾海面下20m深处。机组形状宛如一个倒立的风车，其叶片直径为11m，以15r/min的速度随海水水流旋转。考虑到海水涨落变化，风车上端固定竖塔有5～10m露在水面以上。科学家介绍说，迄今为止普遍使用的水力发电设备，其涡轮机组一般都安装在封闭的管道内，但海下"风车"的叶片转动装置却是开放式的，因此不用建造水坝。此外，由于海水水流中的能量密度在同比情况下比空气大许多，因此发电设备尺寸相对较小。比如，同为

△ 亚洲第一大潮汐能发电站——温岭市江厦潮汐能试验电站

1MW的普通发电机组，风力发电机风车的叶片直径需达到55m左右，但海下"风车"的叶片直径只需20m左右。这项新技术主要适用于英国这样拥有较长海岸线的国家。据英国运营首台试验机组的MCT公司估算，利用这项技术将可满足英国20～30％的电力需求。试验样机的发电功率约为300千瓦，但今后科学家将制造出兆瓦级功率的海下发电机组。据目前的勘测，欧洲共有100多个地方适合安装这种新型发电装置，理论发电功率可达1.25万MW，约相当于12个普通核电站的发电功率。参与研究的德国卡塞尔太阳能供应技术研究所科学家巴尔德说，这项新技术是太阳能和风能发电的最佳补充，其优势在于不受天气影响。他说，只要地球自转，月球围绕地球旋转，潮汐能就会一直存在。尽管海下"风车"发电成本约为每千瓦小时5～10欧分，略高于常规发电成本，但它具有无污染、可持续使用等显著优点。不过也有科学家提出，海下"风车"叶片转动时力量很大，会对周边海水流动产生较大影响，也容易对一些海洋生物造成伤害。

什么是波浪能

波浪能是以动能形态出现的海洋能之一。海浪是由海面上的风吹动海水形成的。海浪的大小取决于海面上风力的强弱、速度、持续时间的长短和风区的面积。汹涌澎湃的海浪，蕴藏着极大的能量，这种能量使表面海水分子获得一定的能量，同时包含着动能和势能。

据计算，在每一平方千米的海面上运动着的海浪，大约蕴藏着30万千瓦的能量。海浪对海岸的冲击力，每平方米可以达到20～30吨。巨大的海浪可以把一块13吨重的岩石一下子抛上20米的高处，也能把1.7万吨的巨轮推到岸上来。

目前，科学家对全球蕴藏的波浪能的具体数量还没有一个公认的量化数字。1977年，有人以世界各大洋平均波高1米、周期1秒的波浪推算，断定全球波浪能功率为700亿千瓦。其中可开发利用的约为20～30亿千瓦。另外，日本专家仅以拥有海岸线1.3万千米的日本推算，其波浪能就有14亿千瓦。

波浪中无疑蕴藏着巨大的能源，各国都十分重视利用这种能源作为发电的动力。波力发电已有100多年的历史了。早在1955年就出现了第一台波力发电机，以后各国先后提出了大约340多种不同的方案设想，也出现了许多巧妙而有趣的波力发电实验装置。

如何应用波浪能发电

目前，已陆续使用的波力发电装置，就其原理来说大致可分为三种：一种是利用海面波浪的上下运动，产生空气流或水流而使涡轮机转动；一种是利用波浪装置随波前后摆动或转动，产生空气流或水流而使涡轮机转动；还有一种是把低压的大波浪变成小体积的高压水，然后把水潮入高位水池积蓄起来，使它形成一个水头，再来冲动水轮机转动。

波力发电装置按使用安装的位置不同，分为"海洋式波力发电装置"和"海岸式波力发电装置"两类。海洋式波力发电装置中最普遍的是漂浮在海面上的浮标式波力发电装置。它随着海洋里的波浪起伏冲击涡轮机发电。它的工作原理就是利用波浪上下垂直运动，推动一个类似倒立的打气筒似的浮筒内的活塞，来推动涡轮机发电。当这个"浮标"处于浪谷时，空气活塞室的体积增大，里面气压低于外界气压，于是外界空气就冲开空气活门，通过导向叶片推动空气涡轮机发电；而当它处于浪峰时，空气活塞室的体积变小，里面的气压高于外界气压，于是室内的空气就冲开空气活门，通过导向叶片推动空气涡轮机发电。这种浮标式波力机的结构简单，效率比较高，所以目前的波力发电装置基本上都是按此原理设计制造的。同时，也可按此原理在海岸建立海岸式大型固定波力发电站。

波浪能是自然界中存在的巨大能量，发展波力发电技术投资少、见效快、无污染、不需原料投入，因此引起各国的关注，一致认为合理开发利用波浪能具有重大的实用价值。目前，各国多数是研制用于航标灯、浮标等电源使用的小型波力发电装置，仅日本就有1500多座在使用中，据统计，全世界约有近万座在运转。有些国家已开始向中、大型波力发电装置方向发展。

如何利用海流能发电

　　海流发电系统利用海洋中海流的流动动力推动水轮机发电，一般在海流流经处设置截流涵洞的沉箱，并于其内设一座水轮发电机，这可视为一个机组的发电系统，并可根据发电需要增加多个机组，机组间需预留适当的间隔，以避免素流互相干扰。

　　我国台湾地区可供开发海流发电应用的海流，以黑潮最具开发潜力。根据以往对黑潮所进行的调查研究，黑潮流经中国台湾东侧海岸最近处，以北纬23°附近为最贴近，平均流心距中国台湾仅$60 \sim 66$km，流心流速在$1.6 \sim 0.3$m/s、平均流速0.9m/s，依据所测得流速及断面推估其流量约为每秒$1700 \sim 2000$万m3。黑潮发电构想是利用水深约在200m左右之中层海流，预计于海中铺设直径40m、长度为200m的沉箱，并于其内设置一座水轮发电机，成为一个模块式海流发电系统，出力约为$1.5 \sim 2$万千瓦，未来更可视发电需要增加多个机组，且机组之间的间隔需维持于$200 \sim 250$m间，以避免素流的干扰。利用黑潮发电理论上是可行的，目前开发应用的水轮发电机种类甚多，但针对深海用的水轮发电机，则尚属研究开发阶段。中国舟山70千瓦潮流实验电站采用直叶片摆线式双转子潮流水轮机。研究工作从1982年开始，经过60瓦、100瓦、1千瓦3个样机研制以及10千瓦潮流能实验电站方案设计之后，终于在2000年建成70千瓦潮流实验电站，并在舟山群岛的岱山港水道进行海上发电试验。随后由于受台风袭击，锚泊系统及机械发生故障，试验一度被迫中断，直到2002年恢复发电试验。加拿大在1980年就提出用垂直叶片的水轮机来获取潮流能，并在河流中进行过试验，随后英国IT公司和意大利那不勒斯大学及阿基米德公司设想的潮流发电机都采用类似的垂直叶片的水轮机，适应潮流正反向流的变化。

何谓生物质能

生物质能是蕴藏在生物质中的能量，是绿色植物通过叶绿素将太阳能转化为化学能而储存在生物质内部的能量。煤、石油和天然气等化石能源也是由生物质能转变而来的。生物质能是可再生能源，通常包括以下几个方面：

一、木材及森林工业废弃物；

二、农业废弃物；

三、水生植物；

四、油料植物；

五、城市和工业有机废弃物；

六、动物粪便。

在世界能耗中，生物质能约占14％，在不发达地区占60％以上。全世界约25亿人的生活能源90％以上是生物质能。生物质能的优点是燃烧容易、污染少、灰分较低；缺点是热值及热效率低，体积大而不易运输。直接燃烧生物质的热效率仅为10～30％。

目前，世界各国正逐步采用如下方法利用生物质能：

一、热化学转换法，获得木炭、焦油和可燃气体等品位高的能源产品，该方法又按其热加工的方法不同，分为高温干馏、热解、生物质液化等方法。

二、生物化学转换法，主要指生物质在微生物的发酵作用下，生成沼气、酒精等能源产品。

三、利用油料植物所产生的生物油。

四、把生物质压制成成型状燃料（如块型、棒型燃料），以便集中利用和提高热效率。

我国生物质资源丰富吗

我国基本上是一个农业国家，农村人口占总人口的70%以上，生物质一直是农村的主要能源之一，在国家能源构成中也占有重要地位。

我国现有森林、草原和耕地面积41.4hm²，理论上生物质资源可达650亿t/a以上（在上述平方公里土地面积上，植物经过光合作用而产生的有机碳量，每年约为158吨）。以平均热值为

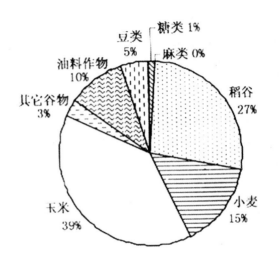

△ 中国生物质资源产量

15000kJ/kg计算，折合理论资源最为33亿吨标准煤，相当于我国目前年总能耗的3倍以上。

实际上，目前可以作为能源利用的生物质主要包括秸秆、薪柴、禽畜粪便、生活垃圾和有机废渣废水等。据调查，目前我国秸秆资源量已超过7.2亿吨，约为3.6亿吨标准煤，除约1.2亿吨作为饲料、造纸、纺织和建材等用途外，其余6亿吨可作为能源用途；薪柴的来源主要为林业采伐、育林修剪和薪炭林。一项调查表明：我国年均薪柴产量约为1.27亿吨，折合标准煤0.74亿吨；禽畜粪便资源量约为1.3亿吨标准煤；城市垃圾量生产量约为1.2亿吨左右，并以每年8～10%的速度增长，据估算，我国可开发的生物质能资源总量约为7亿t标准煤。

# 什么是能源植物

随着石油等非再生性矿物资源的不断枯竭，从长远看，液体燃料短缺将是困扰人类发展的大问题。为此，人们把注意力转向可再生的资源——森林，除利用其薪材外，正加快开发"石油人工林"或"能源植物林"，生物石油的开发利用已成为当今全球的一大热点。

能源植物，又称石油植物或生物燃料油植物，通常是指那些具有合成较高还原性烃的能力、可产生接近石油成分和可替代石油使用的产品的植物，以及富含油脂的植物。

能源植物主要包括下述几类：

一、富含类似石油成分的能源植物。石油的主要成分是烃类，如烷烃、环烷烃等，富含烃类的植物是植物能源的最佳来源，其生产成本低、利用率高，目前已发现并受到专家赏识的有续随子、绿玉树、橡胶树和西蒙德木等。

二、富含碳水化合物的能源植物。利用这些植物所得到的最终产品是乙醇，如木薯、甜菜、甘蔗等。

三、富含油脂的能源植物。这类植物既是人类食物的重要组成部分，也是工业用途广泛的原料，世界上富含油脂的植物达万种以上，我国有近千种，其中有的含油率很高。例如，木姜子的种子含油率达66.4%，黄脉钓樟的种子含油率高达67.2%，还有苍耳子等植物。

产油植物大体有三类：

一、大戟科植物。含油大戟可制成类似石油的燃料，大戟科的巴豆属制成的液体燃料可供柴油机使用。

二、豆科植物。苦配巴是其中一种。美国加利福尼亚大学化学博士卡尔文在巴西发现，在苦配巴树干上钻个孔就能流出油来，每个洞流油3h，能得油10～20L。这种油可以直接在柴油机上使用。据估计，1hm2苦配巴植物每

年可产油50桶。

三、其他木本植物，如油棕树、南洋油桐树、澳大利亚阔叶木棉等。美国科学家通过试种，种植1hm2含油大戟，一年至少可收获25桶生物石油，这些生物石油经改进制成清洁燃料，其成本低于天然石油；巴西试种油棕树，3年后开始结果产油，每公顷可产油10000kg。

目前，大多数能源植物尚处于野生或半野生状态，人类正在研究应用遗传改良、人工栽培或先进的生物质能转换技术等，以提高利用生物能源的效率，生产出各种清洁燃料，从而替代煤炭、石油和天然气等石化燃料，减少对矿物能源的依赖，保护国家能源资源，减轻能源消费给环境造成的污染。据估计，绿色植物每年固定的能量，相当于600～800亿吨石油，即全世界每年石油总产量的20～27倍，约相当于世界主要燃料消耗的10倍。而绿色植物每年固定的能量作为能源的利用率，还不到其总量的1%。目前，世界上许多国家都开始开展能源植物或石油植物的研究，并通过引种栽培，建立新的能源基地，如"石油植物园"、"能源农场"等，以此满足对能源结构调整和生物质能源的需要。专家认为，生物能源将成为未来可持续能源的重要部分，到2015年，全球总能耗将有40%来自生物能源。因此，能源植物具有广阔的开发利用前景。

生物质能在能源系统中处于什么样的地位

生物质能一直是人类赖以生存的重要能源，它是仅次于煤炭、石油和天然气而居于世界能源消费总量第四位的能源，在整个能源系统中占有重要地位。

目前，生物质能技术的研究与开发已成为世界重大热门课题之一，受到世界各国政府与科学家的普遍关注。许多国家都制订了相应的开发研究计划，如日本的阳光计划、印度的绿色能源工程、美国的能源农场和巴西的酒精能源计划等，其中生物质能源的开发利用占有相当的比重。目前，国外的生物质能技术和装置多已达到商业化应用程度，实现了规模化产业经营。以美国、瑞典和奥地利三国为例，生物质转化为高品位能源利用已具有相当可观的规模，分别占该国一次能源消耗量的4%、16%和10%。在美国，生物质能发电的总装机容量已超过10000MW，单机容量达10～25MW；美国纽约的斯塔藤垃圾处理站投资2000万美元，采用湿法处理垃圾，回收沼气，用于发电，同时生产肥料。巴西是乙醇燃料开发应用最有特色的国家，实施了世界上规模最大的乙醇开发计划，目前乙醇燃料已占该国汽车燃料消费量的50%以上。美国开发出利用纤维素废料生产酒精的技术，建立了1MW的稻壳发电示范工程，年产酒精2500吨。

我国是一个人口大国，又是一个经济迅速发展的国家，21世纪将面临着经济增长和环境保护的双重压力。因此，改变能源生产和消费方式，开发利用生物质能等可再生的清洁能源资源对建立可持续的能源系统，促进国民经济发展和环境保护具有重大意义。

开发利用生物质能对中国农村更具特殊意义。中国80%人口生活在农村，秸秆和薪柴等生物质能是农村的主要生活燃料。尽管煤炭等商品能源在农村的使用迅速增加，但生物质能仍占有重要地位。1998年农村生活用能总量3.65亿吨标准煤，其中秸秆和薪柴为2.07亿吨标准煤，占56.7%。因此发展生物质能技术，为农村地区提供生活和生产用能，是帮助这些地区脱贫致富，实现小康目标的一项重要任务。

1991～1998年，农村能源消费总量从5.68亿吨标准煤发展到6.72亿t标准煤，增加了18.3%，年均增长2.4%。而同期农村使用液化石油气和电炊的农户由1578万户发展到4937万户，增加了2倍多，年增长达17.7%，增长率是总量增长率的6倍多。由此可见，随着农村经济发展和农民生活水平的提高，农村对于优质燃料的需求日益迫切。传统能源利用方式已经难以满足农村的现代化需求，生物质能优质化转换利用势在必行。

生物质能高新转换技术不仅能够大大加快村镇居民实现能源现代化进程，满足农民富裕后对优质能源的迫切需求，同时也可在乡镇企业等生产领域中得到应用。由于我国地广人多，常规能源不可能完全满足广大农村日益增长的需求，而且由于国际上正在制定各种有关环境问题的公约，限制CO_2等温室气体排放，这对以煤炭为主的我国是很不利的。因此立足于农村现有的生物质资源，研究新型转换技术，开发新型装备既是农村发展的迫切需要，又是减少排放、保护环境、实施可持续发展战略的需要。

我国农村生物质能源发展态势

一、沼气

20世纪90年代以来，我国沼气建设一直处于稳步发展的态势。到1998年年底，全国户用沼气池发展到688万户，利用率达到91.7%。全国大中型沼气工程累计建成748处，城市污水净化沼气池累计49300处。以沼气及沼气发酵液在农业生产中的直接利用为主的沼气综合利用有了长足发展，达到339万户，其中北方"四位一体"能源生态模式21万户，南方"猪沼果"能源生态模式81万户。

中国目前户用沼气池已达1300多万口。2005年，中国又安排国债资金10亿元，用于在农村进一步推广沼气。目前在农村，以沼气、秸秆为代表的生物质能源利用总量已超过2.5亿吨标准煤，约占农村地区居民生活用能的50%。在山西晋中、晋城等地区，沼气已经成为当地居民冬季取暖的重要能源。

以沼气利用技术为核心的综合利用技术模式由于其明显的经济和社会效益而得到快速发展，这也成为中国生物质能利用的特色，如"四位一体"模式、"能源环境工程"等。"四位一体"就是一种综合利用太阳能和生物质能发展农村经济的模式，其内容是在温室的一端建地下沼气池，池上建猪舍、厕所。在一个系统内既提供能源，又生产优质农产品。"能源环境工程"技术是在原大中型沼气工程基础上发展起来的多功能、多效益的综合工程技术，既能有效解决规模化养殖场的粪便污染问题，又有良好的能源、经济和社会效益。其特点是粪便经固液分离后液体部分进行厌氧发酵产生沼气，厌氧消化液和渣经处理后成为商品化的肥料和饲料。

二、薪炭林

1981年我国开始有计划的薪炭林建设，至1995年10年间，全国累计营造薪炭林494.8万hm2，其中"六五"完成205万hm2，"七五"186.3万hm2，

△ 农村用沼气池

"八五"103.5万hm2。根据这些年全国造林成效调查，薪炭林成林面积和单位面积年生物量测算，薪炭林年增加薪材量2000~2500万t，对缓解农村能源短缺起到了重要作用。

三、生物质气化

生物质气化即通过化学方法将固体的生物质能转化为气体燃料。由于气体燃料高效、清洁、方便。因此，生物质气化技术的研究和开发得到了国内外广泛重视，并取得了可喜的进展。

在我国，将农林固体废弃物转化为可燃气的技术也已初见成效，应用于集中供气、供热、发电方面。中国林科院林产化学工业研究所从20世纪80年代开始研究开发了集中供热、供气的上吸式气化炉，并且先后在黑龙江、福建得到工业化应用，气化炉的最大生产能力达6.3×10^6kJ/h。建成了用枝桠材削片处理，气化制取民用煤气，供居民使用的气化系统。最近在江苏省又研究开发以稻草、麦草为原料，应用内循环流化床气化系统，产生接近中热值的煤气。供乡镇居民使用的集中供气系统，气体热值约8000kJ/Nm3，气化热效率达70%以上。山东省能源研究所研究开发了下吸式气化炉，主要用于秸秆等农业废弃物的气化，在农村居民集中居住地区得到较好的推广应用，并已形成产业化规模，到1998年底，已建成秸秆气化集中供气站164处，供气4572万m3，用户7700户。广州能源所开发的以木屑和木粉为原料，应用外循环流化床气化技术，制取木煤气作为干燥热源和发电，并已完成发电能力为180千瓦的气化发电系统。另外，大连环科院、辽宁能源所、北京农机院、浙江大学等单位也先后开展了生物质气化技术的研究开发工作。

四、生物质固化及其他

具有一定粒度的生物质原料，在一定压力作用下（加热或不加热），可以制成棒状、粒状、块状等各种成型燃料。原料经挤压成型后，密度可达1.1～1.4t/m3，能量密度与中质煤相当，燃烧特性明显改善，火力持久、黑烟小，炉膛温度高，而且便于运输和储存。

用于生物质成型的设备主要有螺旋挤压式、活塞冲压式和环模滚压式等几种主要类型。目前，国内生产的生物质成型机一般为螺旋挤压式，生产能力多在100～200kg/h之间，电机功率7.5～18千瓦，电加热功率2～4千瓦，生产的成型燃料为棒状，直径50～70mm，单位产品电耗70～120千瓦时/t。曲柄活塞冲压机通常不用电加热，成型物密度稍低，容易松散。

环模滚压成型方式生产的颗粒燃料，直径为5～12mm，长度为12～30mm，也不用电加热。物料水分可放宽至22%，产量可达4t/h，产品电耗约为40千瓦时/t，原料粒径要求小于1mm；该机型主要用于大型木材加工厂木屑加工或造纸厂秸秆碎屑的加工，粒状成型燃料主要用做锅炉燃料。

利用生物质炭化炉可以将成型生物质块进一步炭化，生产生物炭。由于在隔绝空气条件下，生物质被高温分解，生成燃气、焦油和炭，其中的燃气和焦油又从炭化炉释放出去，所以最后得到的生物炭燃烧效果显著改善，烟气中的污染物含量明显降低，是一种高品位的民用燃料。优质的生物炭还可以用于冶金工业。

如何解决发展生物质能源的难题与技术瓶颈

一、解决发展生物质能源的难题

随着油价上涨，成本差距在缩小，部分生物化工产品还具备了良好的经济效益。就燃料乙醇来看，目前以玉米为原料的燃料乙醇补贴水平，已比期初下降了近1/2。木薯、甜高粱生产正逐步接近盈亏平衡点。就生物柴油来讲，虽然以油菜子为原料的生物柴油成本仍高出较多，但以餐饮废油为原料的生产已有利润，特别是部分生物化工产品，如L-乳酸等，已具备较高的经济利益。

二、发展生物质能源不依赖粮食

中国发展生物质能源产业完全可以做到不依赖粮食，两种主要原料可以由农林业（包括城市工业的有机废弃物）和利用边际性土地种植能源植物来提供。

生物质能源是以农林等有机废弃物和利用边际性土地种植能源植物为原料，以及以农作物淀粉油脂作为调剂生产的可再生清洁能源及相关化工产品。能源植物可以种在自然条件差、很难种出粮食，但却可以生长植物的边际性土地（荒草地、盐碱地等）中，种植能源植物不会减少粮食作物的种植面积，当然不会影响国家粮食安全。我国有11608万hm2边际性土地可种植甜甘蔗、木薯、旱生灌木等能源植物，具有极大的能源开发潜力，年产能源潜力极大。另外，大量的有机废弃物也是生物质能源的主要原料，如作物秸秆、畜禽粪便、城市垃圾、林木余物、工业废弃物等，我国每年产出实物量为20.29亿吨，相当于3.82亿吨的标准煤。

生物质能源战略已成为美欧等发达国家的重要能源战略，2005年全球燃料乙醇的产量已超过3000万吨，生物质供热发电、成型燃料等已经商业化运行，一个充满活力的行业正在兴起。

三、发电成本和燃料来源成为技术瓶颈

这样一件多方受益的大好事，要做好却并不容易。业内公认有两道绕不过去的坎：1.生物质发电成本高，缺乏上网竞价能力；2.所需燃料遍布千家万户，收储运头绪繁杂、难度极大。如今，这后一道坎，凭靠收购站这一毫不起眼的传统做法，再形成网络，轻轻松松就迈了过去。

至于让人棘手的价格问题，作为关系国民经济命脉的重要能源供应企业，国网公司对所有清洁能源，一律确保其发电量全额上网。落实《可再生能源法》及相关条例，积极为生物质能发电项目提供电网接入服务，并开展生物质能电厂接入电网的有关标准、规程研究，制定符合电网安全稳定运行要求的接入标准，确保电网安全。在确保全额上网的硬性前提下，对于电价差价部分，则积极争取政策支持，为生物质能发电营造良好发展环境；同时要加强研究，促进有利于提高生物质能发电竞争力的政策措施尽快出台。

除此之外，生物质发电复杂的燃料供应系统和锅炉燃烧技术，完全不同于常规火电机组，在技术层面上也是一道很高的门槛。但随着国家一系列利好政策的出台，目前已有不少投资主体进入了生物发电行业，触发了对相关技术装备的需求，由此带动了国内在引进消化基础上的研发和制造。

从2005年开始，生物质发电主设备——锅炉本体及其他辅机均实现了国产化，整个产业已经不存在难以逾越的技术瓶颈。目前仍需引进的关键部件，还有锅炉部分的振动炉排、输料部分的螺旋输料机以及除尘控制装置。相信随着国内需求的快速增长，国内厂商完全具备自主研制能力已经为时不远了。

四、秸秆"烧与禁"的矛盾持续多年

农作物秸秆本身是可以利用的资源，上千年来，它被农民当做燃料、材料等，是舍不得一把火将其烧在田间的。近十多年，农民生活富裕之后，越来越多的农户做饭用上了煤和气，而生产的秸秆又无处堆放，这才出现了大量秸秆被焚烧这一新问题。所以烧不烧秸秆并不是农民的觉悟问题，而是秸秆能不能利用、如何利用的问题。

目前在多数地区，秸秆综合利用没有得到政府的足够重视，秸秆回收、加工、销售的产业链没有形成。因此近年来农忙时节，急于整地、播种的农民，宁愿把"鸡肋"般的秸秆一把火烧掉。每当此时，一些地方政府只好使出严防死守、严查重防等应急手段，但收效甚微。

在北方粮食产区，秸秆"烧与禁"的矛盾持续多年，夏收、秋收时节，像河北麦区一样，废弃秸秆付之一炬的现象仍很普遍。

五、可再生能源生产过程运营成本

从一些发电企业了解到，目前对投资可再生能源技术应用项目感到困难重重。其中，最突出的困难是可再生能源的技术应用在初期运营成本高、风险大，导致价格高昂。例如，可再生能源中的生物质能生产使用成本比石油高2倍。

从可再生能源中采集电是很不容易的。例如把风转换为电，成本是煤电的1.7倍，而且成本需要10年才能收回。此外，转换成本也很高。利用风力等再生能源发电并将其转换为民用电，其电力容易出现不稳定的问题。要解决这个问题，就得经过成本高昂的技术处理。多数可再生能源技术发电成本过高和市场容量相对狭小。

目前，除了小水电外，中国可再生能源发电成本远高于常规能源发电成本。例如，小水电发电成本约为煤电的1.2倍，生物质发电（沼气发电）为煤电的1.5倍，光伏发电为煤电的11～18倍。高成本将抑制可再生能源市场。反之，市场狭小又会给可再生能源的成本降低造成障碍，形成恶性循环。

要解决可再生能源技术运营成本高的难题，专家建议从两个方面入手：首先，政府给予政策支持。企业在先期启动可再生能源技术应用项目时，政府应给予鼓励，如给予贷款作为启动资金等。当这项技术的应用形成良性循环后，再由企业自己投资。德国在利用风能转换为电能的过程中，政府就采取了鼓励的做法，给予政策支持或者直接给贷款。

其次，电缆的使用要市场化，各公司可共享一个电缆，不能垄断。在市场化的过程中，客户肯定会对风电、火电、水电、太阳能等做出购买选择，而像风电等清洁能源的电价应更便宜，这样清洁能源通过薄利多销才可快速回收成本甚至赢利。

人类对可再生能源尤其是风能、太阳能、水能等的认识不断深化。这些能源资源分布广、开发潜力大、环境影响小，可以永续利用，有利于促进经济社会的可持续发展。尽管面临着诸多困难，人们还在不断探索再生能源的开发和利用。20世纪70年代以来，可再生能源的开发利用日益受到重视，产业规模持续扩大，技术水平逐步提高，成为世界能源领域的一大亮点，呈现出良好的发展前景。

△ 大利发展可再生能源对我国今后的国民经济有着重大的影响

生物质在我国未来能源结构中将占什么样的地位

我国生物质资源丰富，每年产生的生物质总量有50多亿吨（干重），相当于20多亿吨油当量，约为我国目前一次能源总消耗的3倍。然而，目前我国商品化的生物质能源仅占一次能源消费的0.5％左右。生物质能在我国未来能源结构中占有重要的地位，表现在以下几方面。

一、我国是能源消耗大国。2000年一次能源消费量为7.5亿吨油当量，仅次于美国成为世界第二大能源消费国，到21世纪中叶我国全面达到小康水平时，一次能源的消费量将达到30多亿吨油当量。然而，目前我国人均一次能源的消费量不到美国的1/18，仅为世界平均水平的1/3，人均能源资源严重不足。预计到2010年，我国石油供需缺口将为1亿t。因此，开发生物质液体燃料代替石油是关系到国家能源安全的紧迫课题。

二、我国正面临着巨大的能源与环境压力。矿物能源的大量使用，引起了日益严重的环境问题，对国家的社会、经济、环境和生态等都造成了严重的不良影响。所以，如果能利用能源作物作为原料制取高品位的清洁燃料，不但可以弥补化石燃料的不足，保护生态环境，而且可以使农村在保护生态的同时获得经济效益，达到合理利用土地，提高国家可持续发展能力。

三、截止到2003年，在国家对生物质开发重视的情况下，我国能源机构取得了比较好的成绩。例如，广州能源研究所长期从事生物质气化与液化技术的研究，承担了国家科委的"六五"、"七五"、"八五"科技攻关项目，国家"九五"攻关项目，在这方面有着较为丰富的理论基础和实践经验，取得了大量研究和工业化应用成果。其中，生物质循环流化床气化炉获得了中国科学院科技进步二等奖、国家科技进步三等奖。生物质气化实际应用已推广到二十几个工厂，取得了显著的经济效益。生物质气化发电技术已经在中国、泰国、老挝等国建成1MW的小规模生物质电站。在中科院的支持下正开展生物质催化气化合成液体燃料的基础研究，并取得了显著的成果。同时在"863"项目的支持下，已经开展了生物质催化制氢的实验室研究。生物柴油的研究与开发方面，虽起步较晚，但发展速度很快，得到国家攻关及"863"项目的支持，一部分科研成果已达到国际先进水平。研究内容涉及到油脂植物的分布、选择、培育、遗传改良等及其加工工艺和设备。目前各方面的研究都取得了阶段性成果，这无疑将有助于我国生物柴油的进一步研究与开发。

基于我国有着丰富的生物质能源，以及从经济、环境、能源供应安全等方面来说，发展生物质能具有比较大的潜力。其发展趋势主要有大规模的生物质气化发电一般采用的IGCC技术，它适合于大规模开发利用生物质资源，发电效率也较高，是今后生物质工业化应用的主要方式。生物质IGCC及生产液体发动机燃料技术的商业化开发将是战略发展方向。近期目标是提高生物质气化效率及降低过程的污染，提高合成液体燃料的品位。随着氢能利用技术的发展，生物质制氢技术也更有发展前途，但其发展速度主要取决于氢能技术的发展情况。生物质制液体燃料的研究，生物质发电技术大规模推广商业化及生物质制油的技术等都将是未来的发展方向。

什么是植物油能源利用技术

我国系统研究始于中国科学院的"八五"重点科研项目："燃料油植物的研究与应用技术"，至今已完成了金沙江流域燃料油植物资源的调查及栽培技术研究，建立了30hm^{2}的小桐子栽培示范片。自20世纪90年代初开始，长沙市新技术研究所与湖南省林业科学院对能源植物和生物柴油进行了长达10年的合作研究，"八五"期间完成了光皮树油制取甲脂燃料油的工艺及其燃烧特性的研究；"九五"期间完成了国家重点科研攻关项目"植物油能源利用技术"。

1999～2002年，湖南省林业科学院承担并主持了国家林业局引进国外先进林业技术（"948"项目）——《能源树种绿玉树及其利用技术的引进》，从南非、美国和巴西引进了能源树种绿玉树优良无性系；研制完成了绿玉树乳汁榨取设备；进行了绿玉树乳汁成分和燃料特性的研究；绿玉树乳汁催化裂解研究有阶段性成果。

据专家估算，我国的甜高粱、木薯、甘蔗等可满足年产3000万吨生物燃料乙醇的原料需要，麻枫树、黄连木等油料植物可满足年产上千万吨生物柴油的原料需要，废弃动植物油回收可年产约500万吨生物柴油。如果农林废弃物纤维素制取燃料乙醇或合成柴油的技术实现突破，生物燃料年产量可达到上亿吨。

植物油也能作为汽车燃料吗

早在1900年巴黎博览会上，一位德国工程师就曾提出使用花生油作为发动机燃料；20世纪70年代末，石油制造商将汽油与发酵玉米胚芽中的乙醇混合，生产出清洁的混合燃料，这种燃料至今还在使用；20世纪80年代以来，全世界众多科技工作者在各方面深入进行植物油直接或深加工后作为内燃机用燃料的研究，对产油植物的种类和分布以及所产油的性质进行了分析，研究植物油作为燃料的技术可行性，特别是作柴油机燃料的可行性，揭示了某些植物油是柴油的理想替代燃料。

植物广泛分布在世界的各个角落，同样产油植物也分布广泛，种类多达千种。产油植物主要包括大戟科、萝摩科、夹竹桃科、桑科、菊科、桃金娘科和豆科等植物。有的产油量大，所产油在燃料性能方面接近普通柴油，如油桐、小桐子、光皮树、油楠树等；有的繁殖能力强，生长周期短，生长量大，对环境的适应性强，如续随子、藿藿巴树、蒲公英、油莎草等，这些都是有前途的产燃料油植物。

植物油因种类、生长地区的不同存在着一些差别。从总体上看，植物油的主要化学成分是脂肪酸甘油酯以及少量非酯物质，含有碳原子、氢原子与氧原子，脂肪酸有饱和脂肪酸与不饱和脂肪酸。普通柴油由不同结构的烃分子构成，这些分子只含碳原子和氢原子，分子呈长链状、枝状或环状。油分子的特性直接影响燃烧的方式。

植物油能否用于内燃机取决于其理化性能，尤其是热值、黏度、挥发性、着火性等指标。植物油具有比较高的热值，一般比柴油稍低，从热值上看植物油可以替代柴油作燃料；在常温下，植物油的黏度都比较大，这是植物油直接用作燃油的一个最不利因素，但可以增加温度使植物油黏度迅速降低，也可采取掺入柴油的方式来降低植物油黏度；植物油不易挥发，其着火点比柴油高，出现点火困难的现象，但运输、贮存更为安全。

植物油作为汽车燃料有哪些优势

植物油除了可直接用作内燃机燃料或与柴油适量混合使用外，还可以进一步将植物油转化为甲酯或乙酯类物质。燃用植物油，柴油机不需做任何改进，不需添加防爆剂等，动力性能良好，超负荷性能好，热效率高，但由于植物油具有黏度大、着火点高、挥发性差、浊点和浑浊度高、含磷等不利因素，柴油机会出现活塞环黏结、输油管或滤清器阻塞、冷启动难、雾化不良、燃烧不完全、耗油量大等现象，长期使用将造成积炭严重等问题。将植物油与适量柴油混合使用，着火点迅速下降，积炭量减少，能改善燃料性能，但替代程度不高，最高只能替代50％。用酯化工艺把植物油转变为甲酯或乙酯类物质，其理化性质与燃烧性能大为改善，黏度降低，挥发性增大，常温下启动性能良好，运转平稳，燃烧状况良好、积炭减少、热效率高、高负荷时还稍高于柴油，略增加油量就可达到额定功率，发动机零部件磨损与柴油类似，排热、排烟降低，各种性能均优于直接燃用植物油，接近柴油，部分指标还优于柴油，是较为理想的柴油机代用燃料。

植物油能用于现有的发动机，它比其他石油替代品更具优势，如天然气等的燃烧性能与柴油差距很大，不能直接用于传统发动机。同石油产品比较，用植物油对环境的污染更少，燃烧时产生的悬浮粒子、挥发性有机化合物、聚芳香烃和二氧化碳等污染物的数量比普通柴油少，但产生的氮氧化物数量高于柴油。在标准化试验中，70～80％的植物油生物降解为小有机分子、二氧化碳和水，而传统的润滑油，只有20～40％被生物降解。另外植物油不含硫，较少造成酸雨。同时植物油是可再生能源，有利于缓解大气的温室效应，一方面产油植物的生长固定了太阳能，吸收了大气中的二氧化碳，当植物生长总量与植物油总消耗量相等时，大气中的二氧化碳量不会因燃用植物油而增加，当生长量大于消耗量时，大气中的二氧化碳量会因此降低；另一方面各种产油植物的栽种与繁殖有利于水土保持。

什么是乙醇汽油

乙醇，俗称酒精，乙醇汽油是一种由粮食及各种植物纤维加工成的燃料乙醇和普通汽油按一定比例混配形成替代能源。按照我国的国家标准，乙醇汽油是用900k的普通汽油与100k的燃料乙醇调和而成。它可以有效改善油品的性能和质量：降低一氧化碳、碳氢化合物等主要污染物的排放。它不影响汽车的行驶性能，还可减少有害气体的排放量。

乙醇汽油作为一种新型清洁燃料，是目前世界上可再生能源的发展重点，在我国完全适用；

△ 生物乙醇汽油

符合我国能源替代战略和可再生能源发展方向，改善了油品的性能和质量，技术上成熟安全可靠；环保效益显著，主要污染物（一氧化碳、碳氢化合物、氮氧化物、酮类、苯系物等）排放浓度明显减少；成为解决"三农"问题的新的增长点，促进了农业生产与消费的良性循环；实现农副产品的增值与转化；具有较好的经济效益和社会效益，是体现循环经济思路的新型产业。

乙醇汽油应用前景如何

在国外，车用乙醇汽油的生产和使用技术已经十分成熟。美国和巴西是目前世界上最大的车用乙醇汽油生产和消费国。美国推广使用车用乙醇汽油已经有多年的历史。美国制订了联邦政府的"乙醇发展计划"，开始大力推广使用含乙醇的混合燃料。目前，美国已经有很多个州在推广使用车用乙醇汽油，乙醇汽油的消费量已经超过全部汽油消费量，全美的玉米产量用来生产燃料乙醇。推广乙醇汽油实行区域封闭销售，例如芝加哥地区就全部使用车用乙醇汽油。政府采取补贴生产企业的方式推动车用乙醇汽油的推广。巴西是石油资源贫乏的国家之一，政府禁止消费不含乙醇的汽油。巴西市面销售的车用汽油均为乙醇汽油，巴西是世界上唯一不使用纯汽油作汽车燃料的国家。

△ 乙醇工厂

使用乙醇汽油有哪些注意事项

车用乙醇汽油中的乙醇是一种性能优良的有机溶剂，具有较强的溶解清洗特性。有经验的驾驶员及维修人员常用乙醇来清洗化油器。用这种方法清洗出来的化油器干净、彻底。同样道理，车用乙醇汽油也可以清洗油路、保持油路畅通。但是车辆在首次使用乙醇汽油时，特别是在使用1～2箱油后，在乙醇汽油的清洗作用下，会将油箱或油路中沉淀、积存的各类杂质，如铁锈、污垢、胶质颗粒等软化溶解下来，混入油中。而且时间越长、杂质积累越多，特别是铁制油箱，这些杂质可能会造成油路不畅。建议车辆在首次使用车用乙醇汽油时，最好对车辆的油箱及油路的主要部件，如燃油滤清器、化油器等进行清洁检查或清洗，以保证燃油系统各部件的清洁。

车用乙醇汽油由于混配有一定量的变性燃料乙醇，乙醇是亲水性液体，易与水互溶，不同于汽油，汽油可以和水分离，水分沉积在油箱底部。因此车辆在首次使用车用乙醇汽油时，应对油箱内进行一次检查，以防止乙醇汽油与油箱底部可能存在的沉淀积水互溶，使油中水分超标，影响发动机的正常工作。这种情况虽属少数，但也不能忽视。

试验表明，在乙醇汽油加入金属腐蚀抑制剂后，对黄铜、铸铁、钢、锌和铝等金属进行腐蚀试验，未发现有明显的腐蚀现象。乙醇汽油不会对金属有腐蚀性影响。

试验表明，绝大多数橡胶件均能适应乙醇汽油。只有少数几种不适应，但腐蚀作用缓慢。试点中发现，早期生产的机械式汽油泵中的橡胶膜片适应性较差，使用乙醇汽油后个别出现溶胀裂纹现象。由于橡胶部件在外观上无法区分材质成分，可由定点汽修厂将购回的部件事先做个车用乙醇汽油浸泡试验，再装车使用。

生物柴油生产概况

生物柴油是以含油植物、动物油脂以及废食用油为原料制成的可再生清洁能源，也称为"再生燃油"。目前世界各国都在大力发展此项技术。

生物柴油最有希望发展成为石化燃料的替代能源。与普通柴油相比，生物柴油洁净环保。它是一种含氧、基本上不含硫和芳烃的"绿色"可再生燃料，性质与石化柴油相近，储运使用更安全，润滑性能优良，燃烧后不会污染空气，能有效缓解能源紧缺、生态环境恶化等问题。

国内外许多专家认为，采用可再生的生物燃料作为替代品，可以缓解国家对原油等矿物燃料的依赖。由巴西专家提出的将乙醇与汽油或柴油混合制作燃料的方法最引人关注。

乙醇也就是人们所熟知的酒精。生产乙醇的成本并不高，而且原料方便易得，淀粉或糖类植物经过发酵和蒸馏后就能产生大量的乙醇。试验表明，乙醇与汽油或柴油混合制成的新型燃料，不仅环保，而且可以大大减少人们对原油的需求。

此外，采用新型混合燃料的另一个优点就是适应我国的国情。我国是一个农业大国，多以农业生产为主，而乙醇可以从一些高产的农作物，如甘蔗和玉米中提取。

生物柴油原料广泛，美国提炼主要是用大豆油，西欧则用菜子油。但这在我国都不现实，因为成本太高，企业几乎无利可图。我国利用地沟油、棉籽油等提炼生物柴油，比较划算。

目前，全国地沟油达到300万t/d，废油脂200万t/d，如果充分利用这些原料，至少可以生产出年产量达到200万吨的生物柴油，进而大大缓解我国的能源需求。

把生物技术与化工技术、能源技术相互结合、交叉与渗透，从源头创新，就更容易获得显著区别于传统工业、农业、林业的原创性成果。要使生

△ 未来的生物柴油——海南小桐子

物柴油真正进入人们的生活，就必须增大其产量，光靠培植新的原料作物远远不能解决我国用油的需求量，因此能源农业会是生物柴油产出中的一大分支。

同时，从各国经验来看，发展生物柴油，离不开国家的大力扶持以及为了降低成本而予以的减免税等优惠措施。近年来，世界生物燃料油产业正在迅速发展，美国、加拿大、巴西、日本等国，都在积极发展这项产业。在美国和欧洲各国，生物柴油已被核准为可替代型燃油，并有了较大范围的应用实践。2002年全球生物柴油的产量已达到300万吨，其中欧洲200万吨。为推广生物柴油的使用，欧洲多数国家的政府给予了相应的减税政策，美国政府则对使用生物柴油者给予环境贷款。

美国能源部已将生物柴油列为重点发展方向，生物柴油产量已达50万吨。德国1999年生物柴油产量已达25万吨，德国经济部和环境部已将生物柴油作为货车和公共汽车的主要清洁能源。日本已有生物柴油产量20万吨，而且在积极推广生物柴油。

生产生物柴油的环境保护与柴油质量标准是怎样的

柴油又是空气污染的主要因素。由于环境的压力，西方发达国家对柴油的要求日益严格，如欧洲和美国在20世纪90年代规定柴油硫含量小于500ug/g，芳烃含量小于35%。最近美国又制定2010年柴油硫含量小于50ug/g，芳烃含量小于10%。瑞典规定芳烃含量小于5%。经计算，如果柴油质量到达上述标准，生产成本会提高50%左右。

我国目前对柴油硫含量的要求为0.2%（折合约2000ug/g），和国际水平相差较大。但随着我国加入WTO，无疑对柴油提出了新的要求。我国柴油需求量增长率已达4%以上，远高于汽油的增长率（0.2～0.5%）。预计2010年我国柴油的需求量可达1亿吨，2015年达到1.3亿吨。

目前，我国对新型能源特别是清洁燃料有很大需求，如我国汽车及动力设备尾气排放已达我国空气污染物的70%，因此清洁燃料已成为我国必须研究和开发的方向。

我国有很多高含量油脂的植物，如豆油年产量已达6000万吨，提炼过程中产生废油500万吨左右。但是这些丰富资源目前并没有充分利用，如果用于加工生物柴油，每年可生产生物柴油约400万吨。

同时我国还具有丰富的煎炸废油来源，如北京仅麦当劳每天排出的煎炸油有45000L；我国城市还有丰富的地沟油，仅北京市市区每年的地沟油产量就达7500吨，初步推算我国城市地沟油年排量至少10万吨，如果用于加工生物柴油，年产量可达7万吨。

农业部提出能源农业的思路，即利用南方闲散地大面积种植高含油的油菜。据农业部的推算，这个方案的实施可每年为生物柴油至少提供原料1000万吨左右。

由此可见，我国生产生物柴油的原料是没有问题的，可以生产1000万吨生物柴油。

制作生物柴油的主要工艺方法是怎样的

制作生物柴油主要采用三种方法：化学碱催化法、超临界方法和酶法。化学碱催化法的特点是工艺简单，但对原料有选择，不适用于酸值特别高的废油脂；超临界方法也是发展方向，因为它不需要催化剂，但设备要求高，适合于大规模装置；酶法是一种新的清洁生产工艺，优点是对原料没有选择性，设备简单、能耗低，而且环境良好，但是成本较高。前两者方法应用较为普遍，现在各国都在加大对酶法的研发。

从生物柴油的生产技术上看，美国和德国目前工业化的技术全部为化学碱催化法。欧洲和美国目前开发的技术有脂肪酶法和超临界法。日本目前研究的技术也是脂肪酶，并且已建立了酶法的中试装置。但是，世界最大的酶法生物柴油装置却来自我国。

制约我国生物柴油工业化的主要原因在于：原料价格昂贵；转化工艺水平低。因此，开发新型的油料作物和新型转化酯化合成工艺，提出经济可行的燃料油合成的工艺路线，是摆在生物柴油产业化面前的技术难题。

采用膜或纤维织物布固定化酶，通过膜或织物布的表面改性，控制油脂及产物如甘油在膜及织物布上的吸附，经过该方法固定后的脂肪酶活性高，使用寿命长。采用该方法固定的脂肪酶催化北京市地沟油、煎榨油及菜子油进行酯化，生物柴油（脂肪酸甲酯）转化率达95％以上。只要实现生物柴油的连续酶法转化，酶法将有可能战胜化学碱催化法。

我国目前研究和开发生物燃料油的总体水平，与国外相比存在一定的差距，需要政府从政策和经费方面给予大力支持，以推动我国生物柴油技术开发和资源发展。

一、纳米技术与生物燃料和生物质燃烧技术的应用

目前，全球生物质发电装机已达3900万千瓦，可替代7000万吨标准煤，是风电、光电、地热等可再生能源发电量的总和。生物质发电主要集中在发

达国家，特别是北欧的丹麦、芬兰等国，但印度、巴西和东南亚的一些发展中国家也积极研发或者引进技术建设农林生物质发电项目。

据报道，到2020年，西方工业国家15％的电力将来自生物质发电，而目前生物质发电只占整个电力生产的1％。届时，西方将有1亿个家庭使用的电力来自生物质发电，生物质发电产业还将为社会提供40万个就业机会。

在我国，目前国网公司已获准兴建22个生物质能发电项目，正在施工的项目15个，总装机容量近35万千瓦。1.纳米技术制备纤维乙醇燃料

据2006年2月16日《经济参考报》报道：近年来，国际油价屡创新高，各国对替代能源开发更加重视。乙醇燃料被视为最有可能替代汽油的可再生能源之一。

与利用玉米等农作物提取乙醇的传统方法相比，纤维乙醇燃料则是以稻草和木屑等纤维类物质为原料，在燃烧时产生的能量要大大高于生产时耗费的能量。据悉，纤维乙醇燃料燃烧时排放的温室气体不仅比汽油减少90％，而且远低于谷物类乙醇燃料。试验结果表明，所有汽车不用任何改装，就可以使用加入10％乙醇燃料的汽油。

高油价压力、政府扶持以及新技术发展引发了美国开发乙醇燃料的热潮。美国嘉吉和ADM等农业巨头投入数十亿美元兴建谷物类乙醇燃料生产厂，杜邦和其他知名生物科技公司也加紧研发能够加速纤维乙醇燃料生产的催化剂。

世界其他国家和地区也看中纤维乙醇燃料的巨大潜力。早在2004年，艾欧基公司就生产出加拿大首罐商用纤维乙醇燃料，并添加到加拿大石油公司加油站的汽油中公开销售。艾欧基公司还打算在2009年之前与壳牌公司合资兴建一家纤维乙醇燃料工厂。

纤维乙醇燃料目前最有争议的一点是生产成本相对于汽油仍然过高。反对方认为，如果没有政府补贴，纤维乙醇燃料不具备市场竞争力；支持方则坚信，随着技术的进步，生产成本过高问题一定会解决。

虽然乙醇燃料在短时间内还不能取代石油的重要地位，但有一点是值得乐观的，即企业资本开始大量涌入。微软的两位共同创始人保罗·艾伦和比尔·盖茨最近都注资乙醇燃料公司；韦格林（Virgin）燃料公司打算在3年内投资3～4亿美元生产乙醇燃料；风险投资家维诺德·科斯拉也将巨额资金投

入研发纤维乙醇燃料的公司，并且声称6年内纤维乙醇燃料就可商业化。

二、研究纳米催化剂从野生植物中提取燃料

美国科研人员正在研究纳米催化剂从野生植物柳枝稷的纤维素中提取生物燃料，以取代污染环境的化石燃料。

目前，世界一些地区已开始小规模使用从玉米、大豆等植物中提取的生物燃料，但成本较高。与玉米和大豆相比，柳枝稷更有可能成为取之不尽的燃料来源。柳枝稷是一种在美洲大陆上随处可见的野生植物，它草梗粗壮，可以长到3m高。在无法种植玉米和其他作物的荒地上，柳枝稷都能够生长。

据美国媒体报道，美国俄克拉何马州立大学科研人员已经培育出几种高产的柳枝稷，正试图开发利用柳枝稷来制造乙醇燃料的方法。这种方法是把柳枝稷切碎，放在一个发酵槽里面，让酶把柳枝稷的纤维素分解成糖，再加入酵母并加热。然后把产生出来的一氧化碳、二氧化碳和氢气喷入一个生物反应器，反应器里面的微生物会使这些气体反应生成乙醇燃料。

科研人员指出，不论是什么来源，乙醇的推动力都比汽油要小，所以大部分乙醇燃料都需要加入一些汽油。乙醇的效能相当于汽油的85％。

三、高蓄能植物优良种质繁育

由中国科学院华南植物园承担的国家科技专项——"高蓄能植物优良种质繁育"项目于2007年初通过了专家组验收，这标志着中国对"能源植物"研究开发取得了新的进展。

能源植物是油料作物、野生油料植物和工程微藻植物等的统称，是制作可再生性生物柴油的主要原料。目前，世界各国尤其是发达国家，都在致力于开发高效、无污染的生物质能利用技术。

为建立中国能源植物的研究和开发体系，中国专门成立了"高蓄能植物优良种质繁育"项目。该专题项目由中国科学院华南植物园研究员吴国江等承担。近些年，课题组主要对中国西南和华南地区富含油脂类的能源植物进行了种质调查、收集、栽培和繁育，重点收集了6类八十多种能源植物。

在本项目研究工作的基础上，课题组还在中国科学院华南植物园建成并开放了全国首个能源植物专类园，还成立包括能源植物资源圃、中试基地、种苗基地等在内的配套项目。

植物能产石油吗

　　在寻找新能源的过程中，科学家们欣喜地发现了可再生的"石油植物"，可以有效地解决上述问题。它的蕴藏量丰富，可以迅速生长，是可再生的种植能源，用"植物石油"代替传统的石油将从根本上解决能源危机。英美等发达国家正在对已发现的四十多种"石油植物"进行品种选育和品质优化工作，并准备尽快实现商业化生产。法国、日本、巴西、俄罗斯等国也正在开展"石油植物"的研究和应用。目前，甚至有一些科学家在培育产油量高的转基因植物。

　　美国科学家卡尔文在巴西发现了一种神奇的橡胶树，只要在这棵树的树干上钻个小洞，就可接到"柴油"，因而又称之为"柴油树"。澳大利亚有一种古巴树，每棵每年可获得约25升燃料油，且这种油可直接用于柴油机。美洲香槐草是产于美国的一种杂草，它生长在干旱和半干旱地区，每公顷土地可以收获约1600升燃料油。

　　一些藻类现在也是产油热点。这些"油藻"生长繁殖迅速，范围大，燃料油产量也高。如在淡水中生存的一种丛粒藻，它们简直就是产油机，能够直接排出液态燃油。另外一些目前尚未发现有明显经济价值的藻类我们也可以用它们来做沼气原料，而那些含糖量大的藻类则可以用来生产醇类作为燃料。

如何应用秸秆发电

秸秆是农作物的主要副产品。长期以来中国农业秸秆利用率低，浪费十分严重。例如，每逢收获季节大量的农作物秸秆在露天被焚烧。这不仅浪费资源和污染环境，而且影响交通安全，影响人民生活。实际上，秸秆是十分宝贵的绿色再生能源，是当今世界仅次于煤炭、石油和天然气的

△ 秸秆虽普通，确有大用途

第四大能源。通过秸秆处理系统将农作物秸秆进行集中焚烧处理，在保证不造成任何形式的二次污染的前提下，农作物秸秆燃烧产生热能发电。

目前，秸秆发电技术已经被联合国列为重点项目推广。随着全球环境问题的日益严重，能源危机越来越紧迫，而且《京都议定书》的签订，使世界各国更加关心生物质能对减少二氧化碳排放上的作用，加上发展速生能源作物有利于改善环境和生态平衡，对今后人类的长远发展和生存环境的重要意义，所以许多国家已把生物质能的利用作为未来的一种重要能源来发展。欧洲的一些国家，如瑞典，把生物质能作为替代核能的首要选择，丹麦更是大力发展生物质能，现在以秸秆发电等可再生能源已占丹麦能源消耗量的24％。丹麦BWE公司率先研发的秸秆生物燃烧发电技术在世界上保持领先地位。

我国秸秆发电前景如何

中国的生物质能十分丰富，现每年仅农作物产生的秸秆量就达7亿吨，到2010年将达到8亿吨，相当于3.5～4亿吨标准煤。随着《可再生能源法》的即将实施和与之配套的政策措施的出台，将催生一批秸秆发电项目。2004年国家发改委核准了江苏、山东和河北三

△ 秸秆发电机组

个秸秆发电项目。此后，全国各地，如安徽、湖北、湖南等省份的县市也正积极调研筹备。

有别于传统的火力发电，农作物秸秆发电的发展应突破三个瓶颈：秸秆供应和成本、技术和设备以及上网电价问题。

目前，国家大力提倡和鼓励发展循环经济，节约能源、发展可再生能源，建设节约型的社会。同时一系列的法律、法规和综合利用的政策出台，为生物质能的开发利用创造了良好的政策环境，应该说当前发展秸秆发电项目的时机很好，其发展前景十分广阔。

雪也能用来发电吗

　　大家知道，积雪的温度是0℃以下，因此雪中蕴藏着巨大的冷能。科学家提出利用积雪发电的大胆设想。它的工作原理是，将蒸发器放在地面上，将凝缩器放在高山上，并以雪冷却凝缩器，再用两根管子将它们连接在一起，然后抽出管内空气，用地下热水使低沸点的氟利昂气化，由于氟利昂的沸点很低，加上管内被抽空，所以地下热水加热它就沸腾起来，变成气体快速向管子的上端跑去，冲击汽轮机旋转，从而带动发电机发电。试验证明，1吨雪可把2～4吨氟利昂送上蓄液器。可见雪的发电本领是十分惊人的。

△ 雪也能用来发电

自然冷能有什么用途

一、"无能耗"冷藏

指利用自然冷能作为能源降温的冷藏库。如果采取人为措施，冬季强迫土中热量向大气中散发，同时减少逆向传回地下的热量，使土层充分降温冻结就形成冷藏库。在夏季高温时，库内温度仍可以保持在0℃附近。

二、塑料大棚调温

目前，塑料大棚已广泛应用于我国农业生产。在西北地区，太阳光能丰富，但冬季昼夜温差大，对棚内的农作物生长有一定影响。如果利用蓄能体大地，在温度高时将部分热吸收并贮存起来，当温度下降时释放出这部分能量，既可防止温度过低或过高，有效保持温室内温度，又可节约能源，使塑料大棚增产。

三、工业余热回收

工业余热是常见的低品位热能，一般排放于大气环境中，工业余热利用中的很大一部分仍然属于自然冷能的利用范畴。在工业方面经常利用热管换热器对工业余热进行回收，这种换热器结构简单，运行稳定，寿命长而且管理简单，进行气–气或气–液换热时，效率高、技术经济性能往往优于其他换热器。除了能在小温差下传递大热量外，还能实现远距离传热，所以在很多场合，常规换热器无法代替。将其用于锅炉及炉窑余热回收，可以明显节能降耗，近年来迅速得到广泛应用。

四、永久性有害毒物保存库

存放核废料需要极厚的屏敝层。如果利用钢筋混凝土，要求厚度很大，因此造价高，而且对于长期成千上万年保存而言，也并不安全。大量的污染物洗涤废液或放射性盐溶液等，如果与土混合冻结，形成固态物，可以有效避免污染扩散，是廉价的贮存方法。土冻结后，水分迁移能力降至最低，隔水、密封性明显增强，强度也大幅增加。冻土抗冲击荷载的能力强，因此抗

△ 自然冷能

地震能力极高。在外力作用下，由于冻土具有流变性，所以能自动调整应力，维持结构状态，适合永久性保存半衰期很长的放射性废物等。为保证冻土贮存库的安全，必须及时用热管将冻土中的热量散发。由于热管具有密闭性，可以只和大气发生热交换，而管内物质不与管外直接接触，所以能有效防止放射性泄露。

自然冷能用于咸水淡化有哪些优势

苦咸水矿化度高，难以利用。但只要太阳能丰富，白昼气温高，晚间气温低，就可以利用自然冷能进行苦咸水淡化。例如，沙漠地带往往有丰富的苦咸水，在沙丘中修建类似上述无能耗冷藏库的大型冷凝器，以沙作蓄能物质，夜间低温期蓄存冷能。白天利用太阳的辐射热及高气温使苦咸水蒸发，将水蒸气引入冷凝器中，就能得到蒸馏水。随水蒸气凝结放热，冷凝器周围的沙也不断升温，出水率逐渐减少，直至停止生成蒸馏水。夜间气温降低后，热管开始工作，重新又将冷凝器周围沙中热量传出散往大气。于是冷凝器重新又具备冷凝水蒸气的能力，上述过程在第二天又将重新开始。如此周而复始，连续不断，可以实现"无能耗"提纯苦咸水。

硅也能作为能源吗

硅的数量无限，同碳一样，硅也与氧气一起"燃烧"。但是地球上实际存在的硅数量无限，除了氧气之外，硅是地球表层最常见的元素，因为普通沙粒里都有硅。硅作为产生能量的物质，甚至可能比石油和煤还多。与碳不同，硅也可以同氮一起燃烧。在大自然里没有纯硅，它都是以化学方式结合的，大多与氧化合。二氧化硅与通常的石英沙和石英岩没有什么不同，地壳的3/4是由这种物质组成的。地球表层二氧化硅多的原因很简单，几乎没有其他化学化合物像硅和氧的化合来的能源那么坚固。因此，要把这两种元素分开需要很多能量。但是为把这两种元素分开所需的能量不会丢失，硅里蕴藏着能量。纯硅将成为一种带有与碳相同的能源密度的电池，一磅硅产生的能量与一磅碳产生的能量大致相当。随时都可以通过使硅与氧或者氮一起"燃烧"的方式，使硅中所含有的化学能量重新释放出来。硅在开辟一种不受时间限制地贮存能源和安全地运送能源的新方法。

△ 硅

硅作为新能源有哪些优势

硅燃烧时不产生废气。如果硅与氧结合，硅会还原，变成无害的沙子。但如今在获取这种金属时，还需要煤作为反应伙伴。因此，在获取硅时也会产生二氧化碳。根据最新的看法，可以使固体二氧化碳转变为甲醇，甲醇是可能的汽油替代物。从中期来看，找到不排放二氧化碳的解决办法是可以想象的：通过生物技术方式或者借助电解。

从安全的角度来说，硅是最佳的燃料。例如与铀燃料棒不同，硅在运输时不需要安全容器，也不像氢那样需要高压油箱。这种能源物质可以简单地用卡车装运。在运送硅时，驾驶员甚至可以吸烟。用燃烧着的烟不能点燃碎硅片，甚至用切割燃嘴也不能点燃碎硅片。运输硅的船只沉没后，不会像油船那样发生环境灾难。在船只破损时，运载的硅会简单地下沉，然后随时间的推移在海底重新转变成沙子。但是，应该先发展燃烧硅的发电厂。硅的大多数能量将在与纯氧一起燃烧时释放出来。尽管如此，我们仍更多地寄希望于硅与氮的反应。因为在与氮反应时，除了热量之外还会产生一系列很有经济价值的产品。从经济角度来看，我们可以借助氮使沙子变成金子。反应堆的"灰烬"成分除了砂子之外主要是硅氮化物。硅氮化物无毒，可用于制造非常坚硬和如今非常昂贵的瓷器。工业上需要这种物质作为其他材料的涂层，使它们不怕刮、不怕潮湿、不怕火或酸等优点。此外，可以毫无问题地使硅氮化物变成生产氮化肥的基本原料氨。这将为生产这种植物养料开辟一条全新的道路。

人类能利用月球上的新能源吗

开发利用月球土壤中的氦-3将是解决人类能源危机的极具潜力的途径之一。从20世纪90年代开始，包括中国、以色列、日本、印度等国家在内，人类掀起了新一轮的探月高潮。在这次探月高潮中氦-3成为世人共同的目标。但是月球氦-3的形成和分布特征、贮量和应用仍是月球科学研究中亟待解决的问题。只有通过大量的探测和重返月球野外实地考察，才能获得较为满意的回答。

月球表面的土壤是由岩石碎屑、粉末、角砾岩、玻璃珠组成，其结构松散且相当软。月海区的土壤一般厚4～5米，高地的土壤较厚，但也不过10米。月球土壤的粒度变化范围很宽，大的几厘米，小的只有一毫米或数十微米。这些细土一般称为月尘。月球土壤中大部分是细小的角砾岩及玻璃珠，约占70%左右，小颗粒状玄武岩及辉长岩约占13%。惰性气体在月球玄武岩和高地角砾岩中含量极低，大气中就更低，几乎为零。然而月壤和角砾岩中氢气元素则相当丰富，这是由于太阳风的注入。太阳风实际上是太阳不断向外喷射出的稳定的粒子流。1965年，维那3号火箭对太阳风的化学组成进行了直接测定，结果显示太阳风粒子主要是由氢离子组成的，其次是氦离子。由于外来物体对月球表面撞击，使月壤物质混杂，在深达数十米的范围内存在这些氢气元素。太阳离子注入物体暴露表面的深度，通常小于0.2微米。因此这些元素在月壤最细颗粒中含量最高，大部分注入气体的粒子堆积黏合成月壤角砾岩或黏聚在玻璃珠的内部。氦大部分集中在小于50微米的富含钛铁矿的月壤中，估计整个月球可提供71.5万吨氦-3。这些氦-3所能产生的电能，相当于1985年美国发电量的4万倍，考虑到月壤的开采、排气、同位素分离和运回地球的成本，氦-3的能源偿还比估计可达250。这个偿还比和铀-235（生产核燃料，偿还比约20）及地球上煤矿开采（偿还比约16）相比，是相当有利的。此外，从月壤中提取1吨氦-3还可以得到约6300吨的氢、70吨的氮

△ 月壤里含有丰富的氦-3

和1600吨的碳。这些副产品对维持月球永久基地来说也是必需的。俄罗斯科学家加利莫夫认为，每年人类只需发射2～3艘载重10吨的宇宙飞船，即可从月球上运回大量氦-3，供全人类作为替代能源使用1年，而它的运输费用只相当于目前核能发电的几十分之一。据加利莫夫介绍，如果人类目前就开始着手实施从月球开采氦-3的计划，大约30～40年后，人类将实现月球氦-3的实地开采并将其运回地面，该计划总的费用将在2500～3000万美元之间。

沼气的性质

人们经常看见湖泊、池塘、沼泽里，一串串大大小小的气泡从水底的污泥中冒出来。如果有意识地用一根棍子搅动池底的污泥，用玻璃瓶收集逸出的气体，那么就可以做一个有趣的化学小实验了。将点燃的火柴很快接近瓶口，瓶口立即升起一股淡蓝色的火焰。再将一个广口瓶罩在火焰上，待一会儿就拿下来，于是你观察这个广口瓶壁上附有小水珠。如果再将石灰水倒入广口瓶里，石灰水就会变得浑浊起来。

这个实验反应，说明了两个问题。

一、从湖沼中收集来的气体，是可以燃烧的气体；

二、这种气体燃烧时生成水和二氧化碳，所以气体成分中一定含有氢（H）和碳（C）。

实际上，人和动物的粪便、动植物的遗体、工业和农业的有机物废渣、废液等，在一定温度、湿度、酸度和缺氧的条件下，经过微生物发酵作用，可以产生可燃气体。因为这种气体最先是在沼泽、池塘中发现的，所以人们称它为"沼气"。

化学分析结果表明，沼气的化学成分比较复杂，一般以甲烷（CH_4）为主，含量为60～70%；其次是二氧化碳（CO_2），含量为30～35%；还有少量的氢气（H_2）、氮气（N_2）、硫化氢气（H_2S）、水蒸气（H_2O）、一氧化碳（CO）和少量高级的碳氢化合物。但值得注意的是，最近几年有人从沼气中发现有少量（约万分之几）的磷化氢（H_3P）气体，这是一种剧毒气体，它也许是沼气中毒的重要原因之一。

沼气的主要成分甲烷，在常温下是一种无色、无嗅、无味、无毒的气体。但沼气中的其他成分，如硫化氢却有臭蒜味或臭鸡蛋味，而且还有毒。

甲烷是一种比空气轻的气体，密度是0.717克/升，甲烷在水中的溶解度很低，因此可以用水封的容器来储存。在常温下甲烷为气态。

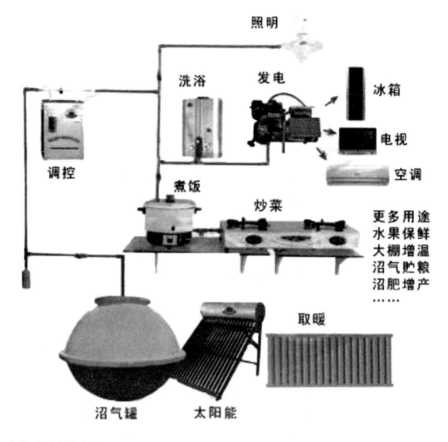

△ 沼气在农村的应用

　　甲烷是一种简单的有机化合物，是良好的气体燃料。甲烷在燃烧时产生淡蓝色的火焰，并放出大量热量。在标准状态下，1立方米纯甲烷的发热值为39292焦耳，1立方米沼气的发热值为2132～27170焦耳。当空气中混有5.3%（浓度下限）至15.4%（浓度上限）的甲烷时，点燃时能爆炸。沼气机就是利用这个原理推动汽缸内的活塞做功的。

　　甲烷的化学性质非常稳定，在正常状态下，甲烷对酸、碱、氧化剂等物质都不发生反应，但容易跟氯气（Cl_2）反应，生成各种氯的衍生物，如一氯甲烷（CH_3Cl）、二氯甲烷（CH_2Cl_2）等，把甲烷加热到1000℃以上，它就会分解为碳和氢。

制造沼气需要哪些原料

制造沼气的原料都是些有机物质，例如人畜的粪便、秸秆、杂草、工农业有机废物和污泥等。实践证明，作物秸秆、干草等原料，产气缓慢，但比较持久；人畜粪水、青草等，产气快，但不能持久。所以把二者合理搭配，可以达到产气快而且持久的目的。

在实际制取沼气的过程中，适量投料很重要，正规生产沼气时必须按规定的原料每吨干物质生产沼气量和甲烷含量，来合理投放原料，如果原料投放少了，则不能充分发挥发酵池的功能；如果原料投放多了，则不能使原料充分发酵，产沼气量也少，浪费了原料。所以投放多少原料，必须经过公式计算，科学地投放。

原料中所含的碳和氮必须保持适当的比例，因为碳是生成二氧化碳和甲烷所必需的化学成分，氮是菌体生长所必需的养分，所以在配料入池时要使发酵原料中所含的碳和氮保持适当比例，给沼气细菌提供充足的碳素营养和氮素营养，使其生长繁殖旺盛，以使沼气池产气又多又快，持续时间长。试验表明，发酵原料的碳氮比在（25～30）：1时产气效果最好；碳氮比在（6～30）：1时，仍是合适的，最高不能超过40：1。这里碳氮比例可以测量出来，如何达到这样的比例，也有专门的公式来计算。

其次，原料中所含的阻害物不能超过抑制浓度。在发酵原料中往往有些成分对发酵有阻碍作用，所以称为阻害物。当原料中的阻害物超过抑制浓度时，将使发酵不能顺利进行，需要在发酵前除去阻害物或稀释到抑制浓度以下。阻害物有硫酸根、氯化钠、硝酸盐、铜离子、铬离子、镍离子、合成洗涤剂、氨离子、钠离子、钾离子、钙离子、镁离子等化学物质。

人工怎样制取沼气

　　沼气可以人工制取。把有机物质，如人畜粪便、动植物遗体、工农业有机物废渣、废液等投入沼气发酵池中，经过多种微生物（统称沼气细菌）的作用，就可以获得沼气。沼气细菌分解有机物产生沼气的过程，叫作沼气发酵。

　　人类研究微生物产生沼气已有一百多年的历史。早在1866年，勃加姆波首先指出甲烷的形成是一种微生物学的过程。以后，经过许多科学家的研究，逐步建立起厌氧发酵制取沼气的工艺。

　　沼气微生物（产甲烷菌群）广泛存在于自然界中，例如湖泊、沼泽的底层污泥中，有机物质经沼气微生物的发酵作用而产生出可燃气体，自水中冒出来。有些反刍动物的胃里（如牛胃），有时也有沼气发生。人们建造的沼气发生器，就叫"沼气池"。沼气池中通常填入人畜粪便、秸秆和杂草等有机物质，在密闭缺氧的情况下进行发酵，产生沼气。在这种发酵池中产生沼气，是由多种微生物共同完成的。　可以说沼气发酵是多种微生物参与的混合发酵。目前已知的参与沼气发酵的微生物大约有二十多属，100多种，包括细菌、真菌、原生动物等微生物类群，大体上可分为分解细菌、产酸细菌、产氢细菌、甲烷细菌等几类。产甲烷的甲烷细菌现在已知的也有13种二十多个菌株。

　　除甲烷菌外，还有纤维素分解菌、半纤维素分解菌、蛋白质分解菌、脂肪分解菌和乙酸菌等。其中，纤维素菌能产生一种溶解纤维素的生物催化剂——纤维素酶，它能把秸秆中数量巨大的纤维素变成葡萄糖。蛋白质分解菌专门使蛋白质分解成氨基酸。乙酸菌专门生成乙酸、氢和二氧化碳。这些不同的细菌都能直接或间接地为甲烷菌提供养分，从而促进甲烷生成。

　　在沼气池中的各种微生物之间，既有相互对抗的一面，如争夺食物等；也有互相协调一致的一面，如一种微生物的代谢产物，是另一种微生物的食物。表现出既对抗又统一的矛盾，正是这样的矛盾过程使各种有机物质最终转化为沼气。如果沼气池中只有甲烷细菌，而没有纤维素分解细菌、蛋白质分解菌、果胶分解菌等其他种类的微生物，那么甲烷细菌也就无法生存。因为甲烷细菌所需的各种物质，如有机酸、醇、氢、二氧化碳等低分子的化合物，正是众多的微生物分解大分子化合物后为它提供的。这些微生物在分解代谢中产生的大量还原性物质，如硫化氢、一氧化碳、氢等，为甲烷细菌创造了极为严格的厌氧环境。

沼气发酵的定义：它是一个生物的过程，其中有机物质在无氧的情况下，经嫌气性细菌的作用，被转变成甲烷和二氧化碳气体。

自然界的植物不断吸收太阳辐射的能量，借助于叶绿素，将二氧化碳和水经光合作用合成有机物质，从而把太阳能储备起来。动物吃了植物以后，约有一半的能量又随粪便排泄出体外。沼气就是利用人畜粪便、动植物遗体的生物能转换而得到的可燃气体。

人的粪便、动植物遗体，以及其他一些有机物质怎样转变成可燃气体——沼气的呢？粪便等有机物质必须经发酵过程，才能得到沼气。沼气发酵过程，大体上要经过三个阶段。

一、液化阶段

一些微生物的胞外酶，如纤维素酶、淀粉酶、蛋白酶和脂肪酶等，对有机物质进行体外酶解，将多糖水解成单糖或二糖，将蛋白质分解成多肽和氨基酸，将脂肪分解成甘油和脂肪酸。通过酶解，固体有机物转化成为可溶于水的物质。这些液化产物可以进入微生物细胞，并参与微生物细胞内的生物化学反应。这就是第一阶段。

二、产酸阶段

上面说的这些液化产物进入微生物细胞后，在胞内酶的作用下，进一步转化成小分子化合物，如低级脂肪酸、醇等。其中主要是挥发酸，包括乙酸、丙酸和丁酸，乙酸比例最多，约占80％。这是第二阶段。

液化阶段和产酸阶段，是一个连续反应过程，统称为不产甲烷阶段。

三、产甲烷阶段

将第二阶段的产物，进一步转化为甲烷和二氧化碳。在这个阶段中，产氨细菌大量活动，从而使氨态氮浓度增加，氧化还原反应降低，为甲烷细菌

△ 人工制取沼气装置

提供了适宜的环境，甲烷细菌的数量大大增加，开始大量产生甲烷。这是沼气发酵的最后阶段。

人工制取沼气，最关键的问题是创造一个适合沼气细菌进行正常生命活动，包括沼气细菌的生长、发育、繁殖、代谢等所需要的基本条件，如温度、湿度、酸度等条件，所以，沼气发酵是在特定的沼气池中进行的。

沼气发酵过程管理在沼气制取过程中，除了科学地控制温度、选取原料、投料，清除阻害物质外，还必须做好以下工作。

第一，必须做到干物质和水的比例要适当。产生沼气的原料必须有适量的水分才有利于沼气的形成。这是由于沼气细菌吸收养分，排泄废物和进行其他生命活动，都需要有适当的水分。但如果原料中干物质含量过少，也会使发酵原料污泥浓度相对减少，产气率降低，不能充分发挥发酵池的作用；而如果干物质含量过多，则会造成搅拌和进料困难，还会造成毒性物质浓度过高。实践表明，原料的干物质含量以5～8%最为适宜，干物质含量低于1%时，用通常的方法很难使其发酵。发酵浓度夏天可以小一些，冬天可以大一些。目前农村沼气池发酵液的浓度一般都不够，这是影响沼气产量的一个重要原因。

第二，农作物秸秆必须先经过堆沤才能入池。麦秆、稻草、玉米秆等，表皮上有一层蜡质，如果不作堆沤处理就入池，水分不易透过蜡质层进入秸秆内部，纤维素很难腐烂分解，不能被甲烷细菌利用，而且会浮在液面形成结壳。经过堆沤的秸秆，表层蜡质受到破坏，可以加快纤维素的腐烂，增加了原料与沼气细菌的接触面，使细菌生长旺盛，有利于成气。堆沤方法：将秸秆铡短，分层堆制，泼些人畜粪尿、沼气粪水或污泥等，夏天堆沤7～10天，冬天堆沤30天左右就可以了。

第三，控制酸碱度（pH值）。沼气发酵液的酸碱度，对沼气细菌的活性有很大影响，可以影响沼气的产量和质量（甲烷含量）。实践得知，沼气发酵最适宜的pH值是6.8～72，即在中性范围内合适。农村的家庭用小沼气池，通常将混合原料入池发酵，原料中既有易于偏酸的物质（如秸秆、青杂草等），又有易于偏碱的物质（如人粪尿），因而在发酵的全过程中不需再用酸、碱调节pH值。

第四，搅拌。沼气细菌与物料均匀接触才能保证正常发酵。在无搅拌的发酵池中，发酵料分成三层：上面是浮渣层，物料多，菌种少，pH值较低，浮渣层厚而坚固，有机物料聚集于此，得不到应有的消化；中间是物料稀、菌种少的溶液层；下面是沉积物层，菌种多，物料也多，是产生沼气的主要部位，但由于低层的水压较高，所产沼气在较高压力下溶解于发酵液中，不易释放出来，影响进一步发酵，此时各层温度不同，上下温差往往超过3℃，对甲烷细菌有刺激作用。所以经常搅拌沼气池内的发酵液很有好处。

第五，勤进料，勤出料。每隔7天左右进出料一次。加料时应先出料，后进料，原则上要做到出多少，进多少，以保持储气间容积的相对稳定。

沼气池有哪些类型

沼气池的种类很多：水压式沼气池、浮罩式沼气池、塑料沼气池等。

一、水压式沼气池

沼气发酵池是制取沼气的最基础的设备，目前已有很多类型的发酵池，例如水压式沼气池、浮动气罩式沼气池、塑料薄膜气袋式沼气池等。我国沼气池的建设达到了相当的科学水平，以结构简单、造价低廉在世界上处于第一位。

我国从20世纪30年代就开始研究水压式沼气，是该领域发展较早的国家，所以世界上将这种沼气池结构称为"中国式沼气池"。这种沼气池数量居世界之最，这项技术已为第三世界国家所采用。近20年来，经过科学家们反复研究改进，一般认为，以"圆、小、浅"（圆柱形、小型、浅池）为主要特点，直管进料、活动盖的"中国式"水压式沼气池，比较适合在各国农村广泛使用。

水压式沼气池的形式很多。例如，按水压箱的布置可分为顶反式和侧反式；按池的几何形状可分为圆柱形、长方形、球形、椭球形等。经过实践，"圆、小、浅"沼气池的优点较多，应用比较广泛。这种沼气池是由发酵间和储气间两部分组成，以发酵液液面为界，上部为储气间，下部为发酵间。随着发酵间不断产生沼气，储气间的沼气密度便相应地增大，使气压上升，同时把发酵料液挤向水压箱和使发酵间与水压箱的液面出现位差，这个液位差，就是储气间的沼气压力，两者处于动平衡状态。这种过程叫做"气压水"。

当使用沼气时，沼气逐渐输出池外，造成池内气压慢慢减小，水压箱的料液又流回发酵间，使液位差维持新的平衡。这个过程就叫"水压气"。如此不断地产气、用气，沼气池内外的液位差不断地变化，这就是水压式沼气池的基本工作原理。

从技术上来说，它具有结构紧凑的特点，发酵与储气合成一体，利用液位差调节沼气的压力，使输气和用气方便，造价比其他沼气池便宜。

水压式沼气池，一般用水泥建造池子，所以农村中又通俗地叫它为"水泥沼气池"，这样可以区别以其他材料为主建造的沼气池。

水压式沼气池也存在着一些缺点，如土方开挖量大，施工技术要求高，出料比较困难，产气率偏低，一般产气率为10～15％，寒冷地区越冬困难。我国的一些农村把水压式沼池建成的"三结合"的沼气系统，即把沼气池、猪圈、厕所三者建在一起，充分利用人畜粪便，自动入池，源源不断地补充发酵原料。

二、浮罩式沼气池

浮罩式沼气池在印度建造得较多，最简单的一种是发酵池与气罩一体化。基础池底用混凝土浇制而成，两侧为进料管和出料管，池体呈圆柱状。浮罩大多数用钢材制成，或用薄壳水泥构件。发酵池产生沼气后，慢慢将浮罩顶起，并依靠浮罩的自身重力，使气室产生一定的压力，便于沼气输出。

这种沼气池可以一次性投料，也可以连续投料，它的特点是所产沼气压力比较均匀。印度多采用植物性垃圾和牲畜粪便为发酵料，实际上属于干发酵工艺，产气率比较高。近年来，我国也在推广干发酵方法，并在水压式沼气池的基础上，建造起分离式浮罩沼气池，它的发酵间与水压式沼气池相仿，但尽可能缩小储气间体积，然后另做一个浮罩气室，用管道把两部分连接起来。这种结构特别适合大型沼气池。可避免储气间漏气，并获得稳定压力的沼气，对多用户集体供气非常方便和有利。

这种沼气池的优点是能充分利用发酵池容积，压力小而稳定，防漏问题较易解决。由于池和罩是互不相连的两部分，因此没有顶盖工程，旧有的粪池只要稍加改造，加上浮动气罩就可以成为沼气池，管理也比较方便。

这种沼气池的主要缺点是建造浮动气罩的材料不易解决，至今还未找到既便宜又坚固、能在农村普遍使用的浮动气罩的建造材料，目前采用的是钢丝水泥罩、陶缸、硬塑料板罩、钢板罩、废汽油桶等。

三、塑料沼气池

20世纪70年代，我国台湾省研制了一种红泥塑料，并开始用于沼气发酵池方面。这种红泥塑料，实际上是一种改性聚氯乙烯塑料，在炼制过程中添加了铝厂废渣——红泥和适量的抗老化剂等，使塑料的强度和寿命大大增加，而且成本比较低廉。这种材料后来被大量生产，除用于沼气池外，还用于太阳能的利用、建筑、家具等许多地方。

炼铝后的残余物经过筛分、干燥和细磨后，就得到合格的红泥粉。然后与聚氯乙烯树脂及各种添加助剂一起制成红泥塑料沼气池膜体。以上生产过程可在塑料加工厂进行，也可在建沼气池的附近建红泥塑料厂进行生产。

近几年来，在我国的辽宁、湖南、四川、江苏、福建、广东等地，都先后生产了红泥塑料，有紫红色的，也有灰色、黑色的。加工成的沼气池，有半塑式的和全塑式的，还有用塑料软板制成的整体式塑料沼气池。一般使用效果较好，产气率普遍比水压式沼气池高，而且出料方便，施工容易，造价也较低，使用寿命可在3～5年，红泥塑料膜可以更换回收。

红泥塑料膜还可以用于改造旧式水泥沼气池。我国推广农村沼气的初期，曾用红泥塑料膜改修水压式沼气池。

此外，红泥塑料膜还能用以做成储气袋，将沼气储存起来使用。特别是当夏天产气多的时候，有的家庭沼气往往用不完，也可储存起来作动力用。

那些用气不多的用户，或者临时性用户，可以采用袋式沼气池，这就是把红泥塑料做成口袋式，装进高发酵料（牛、马粪等），安上输气管，扎紧袋口，即可像石油气液化罐一样提供燃料气。发酵完以后，将沼气渣水倒出作肥料，重新换上新料。这种袋式沼气池，对游动牧民十分方便。但目前还在试验中，关键是要提高塑料袋的拉伸强度和气密性（即密封性）。并选择较好的修补胶，以适应用户维修的需要。

红泥塑料膜潜在的更大用途是作为城市垃圾处理的覆盖膜。它可以将大量的有机垃圾包裹起来，进行厌氧发酵产生沼气供民用，同时缩小垃圾的体积，便于进一步处理，以保护环境不受污染。

红泥塑料沼气池为什么产气率高呢？这是因为红泥塑料是一种深色塑料，可以直接吸收太阳能的辐射，利用太阳能加温，使发酵间处于较高的温度，有利于甲烷菌的活动。当然，也由于塑料的气密性好，沼气池漏气少。

什么是氢能

400多年前，瑞士科学家巴拉塞尔把铁片放进硫酸中，发现放出许多气泡。当时，人们并不知道这种气体。1776年，英国化学家卡文迪许对这种气体发生了兴趣，并发现它非常轻，只有同体积空气的6.9%，与此同时他还发现这种气体和空气混合后，一点火就会发生爆炸，以后又在器具上发现留有小水珠，反复试验后，他得出水是这种可燃气体和氧的化合物的结论。法国化学家拉瓦锡经过详尽研究，于1783年正式把这种物质取名为氢。

氢气一诞生，它的"才华"就初步展现出来了。氢最初的用途是法国化学家布拉克于1780年，把氢气注入猪的膀胱中，制造了世界上第一个最原始的氢气球。俄国著名学者门捷列于1869年，整理出化学元素周期表，赫然位列第一的就是氢元素。此后从氢出发，寻找其与其他元素之间的关系，这就为众多元素的发现打下了基础，从此人们对氢的研究和利用就更科学化了。

氢是位于元素周期表之首，原子序数为1，在常温常压下为气态，在超低温高压下又可成为液态。作为能源，氢有以下特点：

一、所有元素中，氢重量最轻

在标准状态下，它的密度为8.99千克每立方米；在-252.7℃时，可成为液体，压力若将增大到数百个大气压时，液氢又可变成金属氢。

二、所有气体中，氢气的导热性最好

氢气的导热系数是大多数气体的10倍，因此氢在能源工业中是极好的传热载体。

三、氢是自然界中存在最普遍的元素

除空气中含有氢气外，它主要以化合物的形式存在于水中，而水是地球上分布最广的物质，因此它构成了宇宙质量的75%，据估计，如果把海水中的氢全部提取出来，它所产生的热量是现在地球上所有化石燃料放出的热量的9000倍。

四、氢的发热值高

除核燃料外，氢的发热值是所有化石燃料、化工燃料和生物燃料中最高的，为142351千焦/千克，是汽油发热值的3倍。

五、氢燃烧性能好，点燃快

氢与空气混合时有很大的可燃范围，而且燃点高，燃烧速度快。

六、燃烧时最清洁

氢并没有毒，与其他燃料相比，氢燃烧除生成水和少量氮化氢外不产生污染环境的物质。少量的氮化氢经有效处理也不会污染环境，而且燃烧生成的水还可继续制氢，反复循环使用。

七、氢能利用的形式多

氢，既可以通过燃烧产生热能，在热力发动机中产生机械功，又可作能源材料用于燃料电池，或转换成固态氢作为结构材料。用氢气代替煤和石油不需对现有的技术设备作重大的改进，只需对现有的内燃机稍加改装便可使用。

八、氢的第三种形态金属——氢化物

氢，可以以气态、液态或固态金属氢化物的形式出现，它能适应贮运及多种应用环境的不同要求。

这一系列的特点得出氢是一种理想的新的能源。

全世界在20世纪70年代初，面临着严重的能源危机。人们便把燃烧值巨大的氢作为首选能源。如今，许多科学家认为，氢有可能在世界能源舞台上成为一种非常重要的二次能源。法国伟大的科幻小说家朱利·凡尔纳于1870年在他的著作《神秘岛》中大加赞赏氢作为燃料的优点，并写出了他的预言即氢是未来的能源，是理想的燃料。如今，这美好的幻想正一步步地变成现实。

氢能能用于发电吗

利用氢能发电主要有两种方法：一种是组成氢氧发电机组，采用火箭型的内燃发动机，构成常规电网的调峰电站。因为这种发电机组开停方便，在电网低负荷时还可吸收多余的电来进行电解水，生产氢和氧，到高峰负荷时再用所得的氢和氧燃烧发电，使电网得到调节。氢氧发电机组也可同磁流体发电联合，并利用液氢冷却发电装置，以提高机组功率。

另一种是利用氢能发电，就是将氢作为燃料，通过燃料电池发电。以氢作为燃料比任何其他燃料更适用于燃料电池，也可简化燃料电池。因为燃料电池的基本原理就是水电解的逆反应。20世纪70年代以来，各种燃料电池技术发展迅速，第一代磷酸盐型的燃料电池早已商业化运行，日本已建有4500千瓦和11000千瓦的实用电站，发电成本快接近常规火电。第二代融熔碳酸盐型燃料电池也基本过关，已有10千瓦级小型发电装置，效率已达55％，发电成本也与第一代差不多。第三代固体氧化物型燃料电池，发电效率可达60％，发电成本可望更低，目前正在加紧研究。燃氢的燃料电池，从技术上不会比以上几种类型的燃料电池难，只要解决廉价制氢问题，即可在上述燃料电池的基础上顺利过渡。

因此，许多国家都把燃料电池大发展的希望寄托在氢燃料电池上。燃料电池不仅可以用在建立发电站，也可作为车船等移动交通工具的动力，更可广泛用于工程所需的移动电源。

氢能怎样制取

氢作为一种高效能源，已经获得了极大的应用。许多实验数据表明，在21世纪，氢很可能成为最重要的二次能源。既然氢能有如此多的好处，那么直到现在为什么还没被广泛利用呢？

其实要实现氢能的大规模的商业应用还需解决两个关键问题：第一，经济实惠的制氢技术。因为氢是一种二次能源，制取它不但需要消耗大量的能量，而且目前效率又很低，因此寻求大规模经济实惠的制氢技术是世界各国科学家的共同心愿；第二，安全可靠的贮氢和运输氢方法。由于氢很容易气化、着火、爆炸，因此妥善解决氢能的贮存和运输问题也成为开发氢能的关键。

氢，虽然是自然界中最丰富的元素之一，但是地面上却很少有天然的氢。制氢的途径通常有：从丰富的水中分解氢，从大量的碳氢化合物中提取氢，从广泛的生物资源中制取氢，或利用微生物生产氢等。虽然目前已经掌握了各种制氢技术，但把它作为能源使用，特别是普通的民用燃料，我们选择制氢技术的标准首先是要产氢量大，同时要价格低廉。就长远考虑，水是氢的主要来源，以水裂解制氢应是现在高技术的主攻方向。到目前为止，热解法、电解法和光解法都是从水中制取氢的主要方法。

一、热解法制氢

把水加热到3000℃以上的是热解法制氢。这时部分水蒸气可以热解为氢和氧，但是高温和高压仍是技术上存在的困难。虽然利用太阳能聚焦或核反应的热能有可能解决。但对于利用核裂变的热能分解水制氢，至今均未实现。

不过人们还是更寄希望于今后通过核聚变产生的热能来制氢。

二、电解法制氢

电解水制氧是人类使用的最早的制氧方法，目前仍然是专业化制氢的重要方法之一。改进后的电解槽虽然已把电耗降低了不少，但还是工业生产中的"电老虎"。若用燃烧石油、煤炭来发电（火力发电），再用电来制取氢，显然用这样得来的氢以代替煤和石油是不值得的。其成本是石油的3倍，而且燃烧煤和石油又造成了环境污染。因此现在氢燃料只用在专门的用途上，如推进太空火箭或在航天器中维持燃料电池。

三、光解法制氢

国际上在20世纪80年代末，出现了光解海水制氢的方法。由于激光诱导制膜技术有了很大的进步，制成了新型的金属、半导体、金属氧化物光电化学膜，用此膜作为海水电解的隔膜，就能使海水分离制得氢和氧。这种方法耗电少，转换率约已达到10%。已引起各国科学家的关注。

工业制氢的方法，目前主要是以天然气、石油和煤为原料，在高温下使之与水蒸气反应，从而制得氢。也可用其他方法获得氢气。在工艺上这些制氢的方法都比较成熟，但是以化石燃料和电力来制取氢能，在经济上和资源利用上都不合算，而且对环境造成了严重的污染。为此，目前用化石燃料制氢的目的不是把氢作为能源，而是把它作为化工原料，用于维持电子、冶金、炼油、化工等方面的需要。

使用硫化氢制氢的方法目前在国外已经被成功使用，它不失为一种制氢的好方法。在石油炼制、煤和天然气脱硫的过程中都会有硫化氢产出，自然界也有硫化氢矿藏，或在开采地热等时也会产生硫化氢。气相分解法（干法）和溶液分解法（湿法）是硫化氢制氢的主要方法。虽然这种工艺需要一定的高温（600℃）和适当的催化剂，但是用这种方法制氢却能化害为利，既能制得氢气，又能清除污染。我国目前研制成功的"烟气中氧化硫制氢技术"与硫化氢制氢有相似之处。它是利用烟气脱硫的产物稀硫酸与废金属经液相氧化反应后制取氢气。此种方法为污染源（烟气）资源化的新途径。

应用广泛的太阳能制氢工艺

氢能是通过一定的方法利用其他能源制取的一种二次能源。在自然界中，氢和氧能结合成水，但要把氢从水中分离出来必须用热分解或电分解的方法。这显然是划不来的。现在看来，高效率的制氢的基本途径，是利用太阳能。

如果利用太阳能来制氢，实际上是科学家们把太阳能作为一次能源来制氢。就相当于把巨量的、分散的太阳能转变成为高度集中的干净能源，其意义十分重大。

现在利用太阳能分解水制氢的方法有太阳能热分解水制氢、太阳能发电电解水制氢、阳光催化光解水制氢等。

一、太阳能电解水制氢

电解水制氢是获得高纯度氢的传统方法。其基本原理是：为了增加水的导电性将酸性或碱性的电解质溶入水中，然后让电流通过，就会在阴极和阳极分别产生氢和氧。太阳能电解水制氢的方法与此方法相似。首先通过太阳电池将太阳能转换成电能，其次将电能转化成氢。这就是"太阳能光伏制氢系统"。从技术上看，实际上该方法是太阳能光伏发电和电解水制氢两者的结合。但从经济上说，它又不如传统的电解水制氢。因为现在太阳能发电技术的产业化生产还没有过关，太阳能发电的成本比火力发电高出2～3倍。目前来看，它肯定无法与传统的电解水制氢相比。该方法只有在太阳能发电技术取得重大突破，并使生产成本大幅度下降的情况下，才可能大规模地生产。

二、太阳能热化学制氢

利用太阳的热能促进化学反应而制得氢气是太阳能热化学制氢的原理。它是比较成熟的率先实现工业化生产的太阳能制氢技术之一。生产量人，成本较低，许多副产品也是有用的工业原料，这是它的优点。其缺点是生产过

△ 氢能动力汽车

程需要较复杂的机电设备，需强电辅助，使用前较具体的工艺有：太阳能硫氧循环制氢、太阳能硫溴循环制氢和太阳能高温水蒸气制氢等。

三、太阳能光化学制氢

利用太阳光的能量，在某些催化剂的作用下，使含氢物质分解而制得氢气即为太阳能光化学制氢。目前它使用的主要光解物（含氢物质）是乙醇。乙醇是许多工业生产中的副产品，很容易从农作物中提取得到。在适当条件下，乙醇在阳光的作用下可分解成氢气和乙醛。相对来说阳光使乙醇分解的条件比使水分解的条件要容易些，可乙醇是透明的，它不会直接吸收光能，必须加入光敏剂（对光敏感的催化剂）。二苯酮目前选用的主要是光敏剂。它能吸收可见光，并通过起催化作用的胶状铂使乙醇分解，产生氢。由于二苯酮目前吸收的可见光谱中的有用能量太低了，因此科学家正在研究一种比二苯酮吸光率高得多的新催化物。

四、太阳能光解水制氢

化学家们早在20年前，就提出了用太阳能光解水制氢的设想，可是由于没有找到能适合批量生产的催化剂，所以至今仍停留在实验室试验阶段。

化学家在试验中，发现了一种比较有效的催化剂二氧化钛（里面充满氧化铁），在阳光照射下，水就不断分解成氢和氧。试验的结果表明，目前利用的太阳能的效率已经达到了10％左右。

1989年，日本理工化学研究所首次实现了利用太阳可见光分解水而获得氢的突破。其是在硝酸钾（电解质）的水溶液中浸入一根硫化镉半导体电极和一根纯铂电极，把两根电极用导线连接起来。由于硫化镉半导体具有与阳光中的可见光接触就能产生电流的特性，把阳光收集器聚集的阳光照射到这种半导体电极上。随后就在硝酸钾水溶液中产生化学反应，使水分解成氢和氧，半导体电极上产生的是氧，铂电极上产生的则是氢。

这种方法看起来与电解原理相同，但它有其独特之处，即不使用外电源就能产生电流。它是用遇到可见光后产生电流的半导体作电源。所以说，硫化镉半导体是使光能转变成电能的关键。

利用太阳能制氢有重大的现实意义，因而引起了世界各国的重视，但它却是一个十分困难的研究课题，还有大量的理论问题和工程技术问题有待解决。

目前太阳能制氢的途径虽然有多种，但大都尚处于探索试验阶段，而且多数技术都与太阳能技术的开发息息相关。我们相信随着太阳能发电技术和太阳能热利用技术的进展，太阳能制氢技术也将会有更大的突破。

能源储藏库——贮氢材料

氢能的利用，主要包括两个方面：一是制氢工艺；二是贮氢方法。

传统上有两种贮氢方法：一种是利用高压钢瓶（氢气瓶）来贮存氢气，但钢瓶贮存氢气的容积小，而且还有可能发生爆炸；另一种是贮存液态氢，将氢气降温到−253℃变为液体进行贮存，但这样的液体贮存箱，非常庞大，而且又需要极好的隔热装置，才能防止液态氢沸腾汽化。这样一种新型简便的贮氢方法便会应运而生，即利用贮氢合金（金属氧化物）来贮存氢气。

研究证明，在一定的温度和压力条件下，某些金属具有很强的捕捉氢的能力，反应生成金属氢化物，同时放出热量。然后，将这些金属氢化物加热，它们又会分解，将贮存在其中的氢释放出来。这些会"吸收"氢气的金属，就是贮氢合金。

贮氢合金的贮氢能力很强。单位体积贮氢的密度，是相同温度、压力条件下气态氢的1000倍。

贮氢合金都是固体，当需要贮氢时使合金与氢反应生成金属氢化物并放出热量，需要用氢时则通过加热或减压使贮存于其中的氢释放出来，就如同蓄电池的充、放电，既不用贮存高压氢气所需的大而笨重的钢瓶，又不需存放液态氢那样极低的温度条件，因此它不愧为一种极其简便理想的贮氢方法。

研究发展中的贮氢合金，目前主要有钛系贮氢合金、锆系贮氢合金、铁系贮氢合金及稀土系贮氢合金。

贮氢合金不光有贮氢的本领，而且还有能量转换功能，即将贮氢过程中的化学能转换成机械能或热能。贮氢合金在吸氢时放热，在放氢时吸热，利用这种放热−吸热循环，可进行热的贮存和传输，制造制冷或采暖设备。同时它还可以提纯和回收氢气，它可将氢气提纯到很高的纯度。

此外，贮氢合金的快速发展，还给氢气的利用开辟了一条广阔的道路。

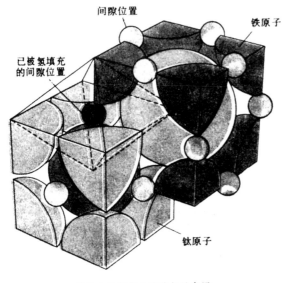

间隙位置

铁原子

已被氢填充
的间隙位置

钛原子

钛铁金属间化合物贮氢示意图

一个世纪以来，在工业领域都是以内燃机为主，它很快就要面对以氢为能源的燃料电池的挑战。只要对现有的内燃机做适当的改动，就能在内燃机中使用氢来代替汽油作燃料。国际车坛近年来也出现了氢能汽车开发热，如世界四大汽车公司即美国的福特、德国的戴姆勒奔驰、美国的通用和日本的丰田，都在加快研制氢能汽车的步伐。我国已成功研制了一种氢能汽车，它使用90千克贮氢材料，可行驶40千米，速度可高达50千米/小时。今后不但汽车会采用燃料电池，而且在其他方面也会作为其主要或辅助能源被使用。

目前，由于我们所使用的镍镉电池中的镉有毒，而且废电池处理起来比较复杂，又污染环境。发展用贮氢合金制造的镍氢电池，是未来贮氢材料应用的另一个重要领域。镍氢电池与镍镉电池相比的优点是容量大、安全无毒和使用寿命长等。

目前研究发展中的贮氢合金主要有镧镍类贮氢合金、钛铁类贮氢合金、镁镍（铜）类贮氢合金、混合稀土类贮氢合金和非晶态类贮氢合金。其中以镧镍合金和铁钛合金的贮氢能力最好。

贮氢合金目前正在向合金系的多元化方向发展。我国的稀土资源丰富，有关部门正在研究和发展新型的混合稀土类贮氢合金。我们相信，无论在品种和质量方面贮氢合金都将取得很大的进步。

什么是可燃冰

"冰"怎么会"燃烧"？但在自然界中确实存在这种能够燃烧的"冰"。事实上，可燃冰是一种甲烷气体的水合物。在深海中高压低温的条件下，水分子通过氢键紧密缔合成三维网状体，能将海底沉积的古生物遗体所分解的甲烷等气体分子纳入网状体中形成水合甲烷。这些水合甲烷就像一个个淡灰色的冰球，故称可燃冰。这些冰球一旦从海底升到海面就会砰然而逝。

可燃冰最初被发现，并不是在海底。早在20世纪30年代，工程技术人员就发现，一些输气管经常会被奇怪的冰块堵塞。化学家对这些冰块进行分析后得知，这是甲烷等气体被关在冰晶体中形成的。当时，这些甲烷水合物被视为一种麻烦，而不是一种新型的能源。

直到20世纪60年代，苏联科学家才意识到，在自然界也许存在这种水合物，并预测到它作为一种可利用的新能源的前景。1972年，在开发北极圈内的麦雅哈天然气田时，人类第一次发现了这种以矿藏形式存在的天然气水合物。之后，美国科学家在地震研究中证实，在海底600米处就存在这种水合物。

1996年夏天，德国科学家搭乘一艘海洋考察船对北太平洋水域进行考察，以寻找这种神秘的冰晶体。结果水下摄像机在800米深的海底拍摄到了晶莹的亮光。科学家们迅速从海底取出了样品。为了证实这就是充满甲烷的冰晶体，一位科学家从这种冰块上取下一小块，用火柴点燃：冰雪般的东西开始燃烧，发出魔幻般淡红色的火焰，直至冰块变成了一摊水。

后来的实验证明，1立方米这种可燃冰燃烧，相当于164立方米的天然气燃烧所产生的热值。据粗略估算，在地壳浅部，可燃冰贮层中所含的有机碳总量，大约是全球石油、天然气和煤等化石燃料含碳量的两倍。有专家认为，水合甲烷这种新型能源一旦得到开采，将使人类的燃料使用史延长几个世纪。

可燃冰如何开发利用

可燃冰在自然界分布非常广泛，海底以下0～1500米深的大陆架或北极等地的永久冻土带都有可能存在，世界上有79个国家和地区都发现了天然气水合物气藏。根据地质条件分析，理论上可燃冰在我国分布也应十分广泛，

△ 可燃冰

我国南海、东海、黄海等近300万平方公里广大海域以及青藏高原的冻土层都有可能存在。在2000年，就有报道称，我国南海、东海等海域发现大量可燃冰资源，初步估算其资源量相当于我国陆地石油天然气资源的一半。

天然可燃冰埋藏于海底的岩石中，和石油、天然气相比，它不易开采和运输，世界上至今还没有完美的开采方案。科学家们认为，这种矿藏哪怕受到最小的破坏，甚至是自然的破坏，就足以导致甲烷气的大量散失。可燃冰中甲烷的总量大致是大气中甲烷数量的3000倍。作为短期温室气体，甲烷比二氧化碳所产生的温室效应要大得多，它所产生的后果将是不堪设想的。同时，陆缘海边的可燃冰开采起来也十分困难，一旦发生井喷事故，就会造成海水汽化，发生海啸船翻。目前，可燃冰的开采方法主要有热激化法、减压法和注入剂法三种。开采的最大难点是保证井底稳定，使甲烷气不泄漏、不引发温室效应。

可燃冰会引发哪些问题

可燃冰也可能是引起地质灾害的主要因素之一。它的存在很可能导致海床不稳定，引发大规模的海底泥流，对海底管道和通讯电缆也有严重的破坏作用。另外，如果地震中海底地层断裂，游离的气体和水合甲烷分解产生的气体就会喷出海面，或在海水表层及水面上形成高度集中的易燃气泡，这不仅对过往行船造成危险，也会给低空飞行

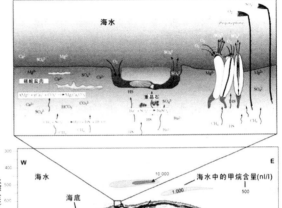

△ 海底可燃冰

的飞机带来厄运。有学者认为，近几个世纪，在百慕大三角区海域发生过的许多船只和飞机神秘失踪的事件可能与此有关。

日益增多的研究成果表明，由自然或人为因素所引起的温压变化，均可使水合物分解，造成海底滑坡、生物灭亡和气候变暖等环境灾害。由此可见，可燃冰作为未来新能源的同时也是一种危险的能源。可燃冰的开发利用就像一柄"双刃剑"，需要小心对待。

点击高能耗背后的问题

中国是世界上人口最多的国家，能源储藏丰富，是世界上能源生产大国之一，但我国也是世界上对能源依赖程度最高的国家之一。目前我国终端能源用户用在能源消费的支出占国内生产总值的13％，而美国仅为7％。从能源利用效率来看，我国8个主要高耗能行业的单位产品能耗平均比世界先进水平高47％，而这8个行业的能源消费占工业部门能源消费总量的13％。按此推算，与国际先进水平相比，我国的工业部门每年多烧掉了约2.3亿吨标准煤。

以2007年上半年为例，我国能源消耗的增长速度要高于同期10.9％的经济增长速度，单位GDP能耗不降反升，"能源消耗过多"成为宏观经济中的突出问题。一时间，我们能否实现单位GDP能耗年内下降4％的短期目标以及"十一五"期间下降20％的约束性指标，成为社会各界关注的热点。

为何能耗居高不下呢？症结究竟何在？

一、节能技术无人投资

现阶段，由于我国能源技术落后，导致能源效率明显偏低。技术节能应该是个基础工作，我们的结构优化也要靠技术的进步。目前社会上不乏节能的新技术、新产品、新工艺，不但技术上可行而且经济上合理，全社会应用这些技术的节能潜力高达数亿吨标准煤。可是无论在工厂中还是在百姓生活中这些新技术、新产品、新工艺还没有得到普遍的实施和应用。为什么这么大的潜力，没人去投资呢？

首先，绝大部分节能技术的特点是生产成本低，使用周期长，但是一次性投入高，老百姓和企业往往没有算清这笔长期账。并且节能是一种二次投资行为。经营者关心的是怎样生产产品、提高质量，怎样卖出去，多数企业并没有把降低成本作为它的着力点，因此需要投资的节能技术往往无人问津。拿汽车来说，有小排量和大排量的汽车，小排量的汽车耗能低、污染少，然而大排量的车在我国还是有不小的市场，我们应该把节能上升到一种公民意识和节约文化。节能投资需要几年以后才能见效。明确了这一点，现在就不用只盯着短期数字过于紧张，而更应该关注在节能方面都具体做了什么。

其次，如今的许多能源服务公司缺少融资渠道。银行贷款关心的是项目的还款能力。对于传统项目，修一条路、建一个厂等，投入产出一清二楚，然而投资节能项目是能源成本的降低，它是看不到的，因此以往难以贷到款。

二、能耗管理缺位，浪费巨大

我国很多企业内部能耗管理缺位，而外部的能耗监管网络又尚未建立，高能耗带来的高成本已经严重削弱了企业的竞争力。高耗能企业中，以我国的纺织业为例，统计显示：我国纱锭总量由1998年限产压锭后的3300万锭，增长到目前的8000多万锭，接近全球纱锭总量的一半。

人所共知，越先进的设备生产效率越高，单位能耗越低，产品的附加值越高。但经过调查发现，不少发达地区淘汰的落后设备，又转移到经济欠发达地区重新投入了生产。使用落后工艺设备，会导致生产效率低下，能耗成本也居高不下。

一个小小的节能创新，可能给我们带来巨大的经济利益。某地一棉厂高级工程师说："我们棉厂通过技术创新和设备更新，生产用水量仅为原来的1/3，电费比全市纺织行业平均每度电少3分钱，而年销售总值却由几年前的不足8亿元，增长到目前的15亿元。"某棉厂经过检测，发现细纱机上皮辊的长度太长，纺纱根本不需要那么长。于是将皮辊的长度单位由28毫米减少到14毫米，这样一台细纱机一个小时能节约0.76度电。通过这项小小的技术创新，全厂一小时能够节约近700度电。

对于企业而言，节能降耗需要内部和外部的环境，而这两个条件对于大多数纺织企业来说都处于空白状态。从企业内部来说，要达到节能降耗降低成本的目的，就需要最先进的技术在生产工艺中应用，这需要专门的部门和专家来负责，而恰恰大多数企业都缺少这类部门和专家。某棉厂负责技术的高级工程师十分无奈地说："我经常到其他企业去交流，有的纺织厂用水率仅有60%，可就是没人管，甚至半年都不管。现在用一吨水加上排污费才2.7元，在有的企业甚至近一半的水都浪费掉了，实在太可惜。企业节能降耗其实是个'一把手'工程，但企业老总对此不感兴趣。在这种情况下，下边再怎么努力也没有用。"

由于高耗能企业的电价占其产品成本的50%以上，面对不断上涨的电价，企业纷纷开始建设自备电厂。宁夏兴平冶金公司在发展煤化工及其下游产品和冶金产品之后，又准备投资2.8亿元，筹建两座2.5万千瓦矸石自备电厂；作为宁夏大型民营独资煤焦化生产企业的范福公司也准备建设一个拥有两座1.2万千瓦发电机组的自备电厂。南京苏源环保公司副总经理、总工程师孙克勤说，西部有许多高耗能企业为了降低成本纷纷要求开工建设热电联产项目，表面上说是为了环保、提高效率，实际上大多数是有名无实，光供电不供热，不仅增加了污染，而且增加了能耗。

怎样才能降低能耗呢？

一、调整结构、促进节能是当务之急

目前，我国的经济结构存在的最大问题是第二产业发展非常快，而第三产业发展相对滞后。如果第三产业增加值占GDP的比例每提高1％，第二产业的比重每下降1％，全国能耗就会降低2500万吨标准煤，万元GDP能耗就会下降1％。同样，高技术产业目前只占我国工业增加值的10.3％。如果比重能提高1％，那么万元GDP的能耗下降将超过1％。所以，当前要解决或缓解能源供给紧张问题，首先就要下大力气调整经济结构，推动能耗低、污染少的服务业加快发展，遏制高耗能行业过快增长。

节能是解决我国能源问题的最根本出路，要采取综合的、更加有力的措施强化节能工作，通过调整结构、技术进步、加强管理、深化改革、强化法治、全民参与实现节能。加快转变经济增长方式和优化经济结构，加快形成健康文明、节约能源的消费模式，把我国建设成为节约型社会。

首先，国家从微观层面上，将通过推广先进适用的节能技术，强制淘汰落后工艺和产品来实现节能。此外，为了更好地发挥经济手段对节能的引导作用，国家将继续调整能源价格，使其能够反映资源稀缺程度和市场供需。

其次，重要的一点是严把能耗增长源头关。在前不久召开的全国节能工作会议上，有关负责人强调，有关部门和地方政府要加大节能工作的监督检查力度，重点检查高耗能企业及公共设施的用能情况，投资项目节能评估和审查情况，禁止淘汰设备易地再用情况，以及产品能效标准和标识、建筑节能设计标准执行等情况。达不到最低能效标准的耗能产品不得销售，达不到建筑节能标准的建筑物不得开工建设和销售。

有关专家曾指出，国家要增强"十一五"规划的执行力，首先必须树立官员的科学政绩观，确定全面的考核体系，对于引进重大污染项目的官员应依法追究责任。2006年7月26日，受国务院委托，国家发展改革委与30个省、自治区、直辖市人民政府，新疆生产建设兵团和14家中央企业签订了节能目标责任书。此举有利于强化节能目标责任，建立一级抓一级、一级考核一级的目标责任落实体系，对实现"十一五"国家节能目标将发挥重要作用。

二、立足国内多元发展

立足国内，为了支撑未来五年甚至更长一段时间经济的发展，在充分考虑各种节能因素的前提下，我们必须挖掘潜力，多元发展，尽可能增加能源供给。能源自给率始终保持较高水平，是我国增加能源供给的首要原则和目标。

要以煤为主，充分发挥我国丰富的煤炭资源优势，加速煤炭工业的提高与发展。在以煤为主的同时，未来我国的能源战略还强调多元发展。可再生能源，特别是水电、核电和生物质能源将得到突飞猛进的发展。在全国能源剩余可采储量中，水力资源（按使用100年计算）占44.6%。大力开发水电，是保障未来我国能源供应的重要举措之一。

资源瓶颈亟待突围

近些年，无论是亚洲金融危机，还是"非典"都未能阻挡我国经济高歌猛进的态势。但是，从近几年席卷全国的能源紧张、原材料价格的全面上涨开始，大家越来越明显地感觉到我国经济正饱受资源约束之痛，资源瓶颈亟待突围。

如果按人均能源可采储量来计算，中国是远低于世界平均水平的。一直以来，教科书上都形容中国"地大物博"，但一旦除以"人口众多"这个分子，中国立时成为一个资源短缺的国家。

中国经济在2003年解决了通缩的问题，从而实现了1992年以来的最高增长速度。同时，资源瓶颈似乎一下子收紧。目前，中国已成为煤炭、钢铁、铜的世界第一消费大国，继美国之后的世界第二石油和电力消费大国。

对于中国石油消耗的高速增长问题，国际能源署（IEA）称，2003年，中国的石油日消耗量达546万桶，中国已经成为"全球石油需求增长的主要驱动力"。2003年，中国原油进口量为9000万吨，境外媒体预测，在六七年之后，中国的进口石油量将赶上目前美国石油的进口量。而国土资源部矿产资源储量司在2003年12月份预测中国石油的进口趋势时说，到2020年，中国的石油年进口量可能会在3~4亿吨。

我国的电力供需形势也非常严峻。虽然发电量以接近GDP增速2倍的速度出现急速增长，但全国还是有21个省份出现不同程度的限电。电力供需问题直接影响到煤炭的出口。2004年1月，中国煤炭出口总值就下降了28.6％。分析人士认为，我国今后的煤炭出口数量将会减少。有官员则表示，今后我国煤炭将"首先满足国内需求"。

除此之外，矿产资源是基础生产材料之一，也已经无法支撑飞速发展的经济。2003年，我国铁矿石进口量增长了30％以上，成为全球最大的铁矿石进口国，引起国际市场铁矿石价格不断上扬。国内电解铝生产所需原料50％

以上依赖进口，由于国际氧化铝价格受中国需求拉动上涨，单纯依靠进口原料的电解铝生产企业开始亏损。

有报道指出，未来20年，中国将会面临十分严峻的能源问题。《陈望》周刊曾刊登文章称，经济的快速发展将导致能源消耗大幅度增长。国务院发展研究中心行业经济部副部长冯飞估计，到2010年，我国45种主要矿产资源只有11种能依靠国内保障供应；到2020年，这一数字将减少到9种；到2030年，则可能只有2至3种。而铁矿石、氧化铝等关系国家经济安全的重要矿产资源更将长期短缺。

我国资源在这样的背景下，经济增长方式仍然没有走出高投入、高消耗、低产出的传统模式，是当前经济发展中一个突出的矛盾。有专家认为，我国已迈入重化工业时期。这个阶段的特点之一，就是对能源和资源的需求大增，快速发展的机械、汽车、钢铁都是单位增加值能耗很高的行业。

我国在新一轮的全球产业布局中，已逐步发展成为一个规模庞大的世界加工制造基地，一些高耗能制造业正向我国转移。有研究人士认为，以严重的环境污染和大量资源的低能消耗为代价的经济增长模式，在经历了30年改革开放和自20世纪90年代初以来的经济大发展之后，已经走到了"增长的极限"。

利用国际市场加长资源供应链是破解资源困局最直接、最有效的办法。中国石化、中国石油在中东和中亚地区的投资规模逐渐扩大，中国石化已获得了在沙特开采石油的许可。首钢集团已经在秘鲁投资成立了首钢秘鲁铁矿股份有限公司，拥有秘鲁铁矿98.4%的股份和无限期开发、利用670.7平方公里矿权区内所有矿产资源的权力。2004年1月31日，宝钢集团与巴西最大的矿业集团公司——巴西淡水河谷公司（CVRD）签约，双方将在巴西合资建设钢厂。这是迄今为止中国最大的对外直接投资项目，该项目先期投资约120亿元人民币，设计产能达380万吨。

虽然中国企业在国际市场取得了一定的成绩，但利用国际市场也存在很大的局限性：一是需求必然抬高价格，造成经济的虚弱。美国在20世纪70年代就曾因为进口石油价格的急升，出现了经济停滞不前、物价飞速上涨的"滞涨"现象；二是谁掌握了重要的资源，谁就有发言的权利。

恐怕，在关键时期资源是用钱无法买到的。两次伊拉克战争背后的潜台词，是所有国家心照不宣的能源需求。毫无疑问，资源的短缺和环境的压力，是当前经济发展最突出的"薄弱环节"之一，也是促使中央下决心适当调低经济增长的预期目标、转换经济增长模式的重要因素。

如果要把我国建立成为节约型社会，那么关键是国家要通过"精巧的制度设计"，通过经济杠杆，鼓励和倡导节约资源、符合可持续发展理念的循环经济模式和绿色消费方式。中科院院士王大中认为，中国能源应实施"保障供应、提高能效、结构优化、环境友好"的可持续发展能源战略，优化产业结构和产品结构，加强节能和提高能效，努力建设节能型经济和节能型社会。

如果我们从长远发展看，中国预计在2050年初步实现现代化，那么供应总量的不足将是中国能源发展的主要矛盾。要突破发展中的资源瓶颈制约，我们迫切需要依靠科技进步提高经济运行质量，以小的代价获得较大的发展，从而构建新的牢固的国家比较优势。

很显然，国家经济结构调整是转变经济增长方式的一个重要政策，通过制定产业政策，以遏制部分高能耗和高资源消耗、高污染的产业。国家发展和改革委员会宣布，原则上不再批准新建钢铁联合企业和独立炼铁厂、炼钢厂，确有必要的，必须按照规定的准入条件，经过充分论证和综合平衡后报国务院审批。发改委同时规定，除淘汰自焙槽生产能力置换项目和环保改造项目外，原则上不再审批扩大电解铝生产能力的建设项目。此外，发改委还将加强同金融机构的沟通与协调，对盲目投资、低水平扩张、不符合产业政策和市场准入条件，以及未按规定程序审批的项目，一律不予贷款。

能源瓶颈能否突破，是关系到以后发展的诸多问题，已经成为中国政府制定国家安全战略时必须考量的重要因素之一。

日益激化的全球能源问题

我国古代有个买椟还珠的典故，为我们每个人所熟知。我们常常为这种应时眼光和短期行为而感慨，但是回到我们身边，我们会豁然发现，当前我们经济发展也面临珠椟求舍之惑，经济发展在带来日新月异变化、欣欣向荣景象的同时，支撑发展基础的能源却出现了捉襟见肘、底气不足的尴尬窘境，这个长期以来隐忍不发的问题开始浮现冰山一角，引起了上下各界的关注和热论。

解析能源问题，需要我们揭开表层，直击其里，探寻本质。准确地说，能源问题不是一朝一夕形成的，也不是一时一事的产物，它是长期经济发展结构性矛盾激化的体现。如今，我们所利用的能源主要包括石油、煤、天然气、水电、风能、核能、太阳能等资源，其中绝大多数矿物能源属于不可再生的自然资源，是人类经济可持续发展的重要制约条件。

自从第一次工业革命以来，人类对自然资源大规模、高强度的开发利用，带来了前所未有的经济繁荣，创造了灿烂的工业文明。然而，事态也难以避免地走向了自己的反面。

一、持续削弱的全球资源能量

自从20世纪的第二次世界大战以来，人类对自然资源的消耗成倍增长。1901～1997年的97年间，全世界采出的矿物原料价值增长了近10倍，其中后20年为前60年的1.6倍。据1950年国家的统计表明，人均国民生产总值与人均能源消耗成正比关系。人均国民生产总值不到1000美元时，人均能耗在1500千克标准煤以下；人均国民生产总值达4000美元时，人均能耗在10000千克标准煤以上。由于人类对自然资源没有节制的大量消耗，人类赖以生存的资源基础遭到了持续削弱。

尤其在20世纪70年代末80年代初发生的两次席卷全球的能源危机，震惊了全人类。与此同时，水和空气受污染的趋势有增无减。局部环境的恶化加

剧了新的全球性困扰；人口增长速度过快，世界人口已突破54亿，比1950年增长了1倍多；农业和工业高速发展的压力排挤着其他物种，使它们濒于灭绝；由于人类向大自然索取过多，从而使赖以生存的土壤、森林、港湾和海洋遭受侵蚀的速度明显加快，降低了地球的承载能力，改变了地球的大气品质。局势还不仅如此，虽然自然资源的消耗和废弃物产生的规模已经十分庞大，并且仍在继续扩大，但广大发展中国家的工业化和经济发展目标仍未实现。这使得上述问题变得更复杂，也更难以解决。

席卷全球的能源危机，引发了一系列相关的全球问题：人口增加与资源供需的矛盾日益尖锐；资源的不合理开发利用，导致了日益严重的生态环境恶化；能源的枯竭使贫困化加剧发展而难以遏制；能源的争夺引起了连绵不断的战争……如果说，在20世纪初能源所引起的还是一些局部问题，例如，一些工业城市整日处在烟雾的笼罩之中，英国首都伦敦成为世界著名的雾都等等。那么现在，能源危机已经波及到地球的每一个角落和每个民族，影响到人类的现在和未来。

资源是一个全球性问题，它经历了一个逐步发展的历史过程。它是近年工业化对自然资源无节制的过度消耗的产物，并发展成为遍及地球每一个角落、每一个国家的全球问题。人类对资源问题的认识同样也经历了一滚逐步深化的历史过程。时至今日，无论是乐观派还是悲观派，无论是学者还是政治家，对于资源环境问题的危机感已达成共识，尽管在程度上还有差别。

资源这个全球性问题的存在绝非孤立，它总是同人口、环境、经济、社会等问题紧密地联系在一起，并构成当代全球问题的基础。进入本世纪以来，人口剧增与经济发展的压力，正在超过我们赖以生存的资源基础所能承载的极限。自然资源迅速耗减，越来越多的物种濒临灭绝，矿物能源日渐枯竭，矿产资源严重短缺，海洋健康损害严重，未来资源宝库面临浩劫。淡水资源不足，森林资源持续赤字，水土流失加剧，气候变化异常，各类灾害加剧。人类所面临的已是一个满目疮痍、不堪重负的星球。

二、日益激化的全球资源及能源问题

资源及能源的无限制、不合理开发及利用既是资源问题的根源，又是产生其他危机如粮食、环境、贫困最重要的原因之一。从某种程度上说，资源问题的发展趋势，将决定着其他全球问题的发展趋势和地球未来的命运。

众所周知，自然资源是人类生存发展的物质基础，人口问题的实质，在于人口的增长超出了自然资源的承载负荷。人类对自身资源日益增长的需求和自然资源供给相对有限的矛盾，贯穿着人类社会发展的全过程。资源无节制的不合理开发利用是产生严重的环境恶化的直接原因。

由于全球人口的剧增，经济发展规模的不断扩大，人类不得不一次又一次地向大自然索取；自然资源基础的削弱，使下一代伤将面临前所未有的环境挑战。由此产生了一句名言：没有资源开发便没有生态环境问题。

资源基础的持续制约，给人类经济社会的发展蒙上了层层阴影。那么进入下一个世纪时，人类所面临的资源形势又是如何呢？

第一，全球资源及能源的供需矛盾不断发展，中长期资源及能源的供需形势日趋严峻。在未来的一个世纪中还会不会发生类似20世纪那样的能源危机？没有理由做出过于乐观的判断。只要把视线从能源资源总量这一因素转向更深一个层次的能源结构、地域分布、政治环境等方面，便会发现能源世界仍是一道充满危机的难题。

1.能源结构问题。目前世界能源消费结构中石油占了一大部分（39%）。

2.政治和地理因素。目前2/3的世界石油储量集中在波斯湾地区。这一无法改变的事实令西方时时担忧。

3.煤炭、石油燃烧所造成的日益严重的环境问题。石油、煤炭和天然气的生产和利用是形成局部空气污染以及产生酸雨、温室气体等地区性环境问题的根源。世界将难以继续过量承受超过临界值的污染物了，这些污染，是由总计达20万亿美元的世界经济运行时的矿物燃料燃烧时排放出来的。目前尚无法处理这些每年向大气排放的60亿吨的碳，而现在这一数字还在继续增大。

第二，全球资源结构将面临重大调整，资源分配方式可能会出现重大转折。人类发展至近代以来，英国以对煤炭和铁矿的大规模开发利用，推动了整个工业革命，接着以殖民主义方式，实现其对世界资源的侵占和垄断，建立了"日不落帝国"的世界霸权。进入20世纪后，美国率先进行了廉价能源——石油及其他重要有色金属矿产的开发，实现了世界社会基础资源结构的第二次重大转变。美国以世界人口的1/25，耗用了世能总量的1/3～1/2，在此基础上建立起了"金元帝国"，维持了近一个世纪的世界霸权。

由于20世纪90年代以来新技术革命的兴起，尖端技术领域将成为21世纪核心产业。被称为"太空金属"、"电子金属"、"超导金属"的稀有稀土金属将成为未来新兴产业的材料基础，世界社会基础资源结构面临着又一次重大转变。与此同时美国独霸世界资源的时代将告结束。各大国间为争夺下一世纪领导权而进行的以稀有金属为核心的世界资源争夺将进一步展开。

第三，全球未来资源及能源的争夺将更加激烈，局部战争难以避免。在整个人类历史过程中，获取与控制自然资源包括土地、水、能源和矿产的战争是国际紧张和武力冲突的重要因素。近代史上第一次世界大战中，31个国家共15亿人口卷入了战争，战争中伤亡人数达3100万人。其中死亡1000万人，军费支出和战争损失共计3877亿美元。第二次世界大战中，上述数字均成倍增长。战争时间长达7年，参战的国家和地区超过60个，战争总伤亡超过9000万人。其中死亡500万人，直接军费支出1117亿美元，物质损失3万亿美元。

为了争夺对世界资源和能源的控制权，从而导致了两次世界大战的爆发。第二次世界大战以后，两个超级大国之间为了争夺世界资源及能源的控制权，持续了四十多年的冷战。中东的石油、南部非洲丰富的黄金、金刚石及其他矿产、扎伊尔的铜矿……都成为超级大国争夺的对象，引发了一次又一次局部战争。冷战之后，独霸世界的美国以伊拉克拥有大规模杀伤性武器为由，对伊拉克发动了大规模的侵略战争，而这个战争的背后，当然是争夺石油！由此不难看出，人类对资源及能源的争夺将长期存在，世界也永无安宁之日。

你了解我国能源政策吗

能源工业是国民经济的重要组成部分，是现代社会正常运转不可或缺的基本条件，能源问题事关经济发展、社会稳定和国家安全。因为能源的重要性，世界各国在不同发展时期都会根据本国的特点制定相应的能源政策。

为了保障我国能源工业以及经济的持续稳定发展，我国政府制定了一系列政策措施，并注意在不同历史时期进行相应的调整。从总体上看，中国的能源政策主要体现在以下几个方面。

一、大力优化能源结构，建立完善的能源运输保障体系

多年来，我们以推进多元化、清洁化为主要目标，制定了一系列能源结构调整政策，清洁能源的比重不断提高。按照中国政府确定的能源结构调整方向，预计未来水电、核电、新能源等清洁能源的比重将进一步提高，一次能源向二次能源转化的力度也将不断加大。在电力领域，将优化发展煤电，大力开发水电，积极推进核电建设，适度发展天然气电站，鼓励新能源发电，加快推广热电联产和集中供热，加强电网建设，优化电力资源配置。调整和完善工业布局，构建合理的"北煤南运"、"西气东输"、"西电东送"体系。

二、加强技术改造，不断提高能源利用效率

早在20世纪80年代，中国政府就提出了"坚持开发与节约并举，把节约放在首位"的能源发展方针。进入新世纪后，我们根据经济发展的新形势和新任务，在中国能源发展第十个五年规划中明确提出，要"在坚持合理利用资源的同时，把能源工作重点放到提高能源生产和消费效率，促进经济增长和提高人民生活水平上来"。"十一五"期间又提出了"节能减排"新政策，提出了考核各级政府和工矿企业绩效的具体指标。从未来的发展看，要实现能源可持续发展，"节能优先、效率为本"是必然选择。在经济总量稳步扩大，人民生活用能水平不断提高，资源、环境约束矛盾日益突出的历史条件下，不考虑能源的承载能力，需要多少能源就生产多少能源的粗放型发

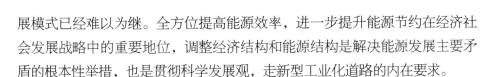

展模式已经难以为继。全方位提高能源效率，进一步提升能源节约在经济社会发展战略中的重要地位，调整经济结构和能源结构是解决能源发展主要矛盾的根本性举措，也是贯彻科学发展观，走新型工业化道路的内在要求。

三、高度重视环境保护

我国是少数以煤为主要能源的国家，也是最大的煤炭消费国。鉴于煤炭在中国能源结构中的重要地位，长期以来，中国政府坚持能源生产、消费与环境保护并重的方针，把支持清洁煤技术的开发应用作为一项重要的战略任务，采取多种有效措施，降低能源开发利用对环境的负面影响，减轻能源消费增长对环境保护带来的巨大压力，促进人与自然的和谐发展。

当前实施的"节能减排"政策，对各级政府和工矿企业在SOx、NOx、CO2及其他有毒气体、粉尘、废水的排放量均做出了新的达标要求。环境保护问题将始终是我国能源发展过程中要解决的重大课题。

四、切实保障能源安全

中国是发展中国家，人口众多，能源需求量大。保障能源安全，既是中国政府高度重视的问题，也是备受世界瞩目的问题。我们将长期坚持能源供应基本立足于国内的方针，把煤炭作为主体能源。这既是中国能源安全的基石，也是有别于世界其他能源消费大国的重要特点。为了应对突发事件、防止石油供应短缺对经济发展和人民生活带来严重影响，中国将逐步建立和完善石油储备制度，加强石油安全建设。目前，石油储备基地建设已经启动。同时，中国政府还高度重视能源生产、运输和消费环节的安全问题，以确保电力、煤炭、石油、天然气的稳定供应和人民生命财产安全。

五、积极开发西部能源

中国西部地区有丰富的煤炭、水力、石油、天然气资源，还有较好的风能和太阳能资源，具有明显的比较优势和良好的开发前景。中国政府实施西部大开发战略以来，制定了一系列优惠政策，实施了西气东输、西电东送等具有战略意义的重点工程，既加快了西部地区的资源优势向经济优势的转化，又促进了能源的合理开发和有效配置。未来一个时期，我国的能源政策应坚持五大方向。

第一，节约优先。为了保证实现《"十一五"规划纲要》提出的到2010年单位GDP能耗比2005年降低20%的目标，就要调整结构、改进技术、加强管理、深化改革、强化法治和动员全民，充分发挥市场机制和经济杠杆的作用，全面促进能源节约和高效利用。

第二，立足国内。我们将充分考虑自身资源特点以及维护国际能源市场稳定的责任，继续坚持把主要依靠国内解决能源供给问题，作为维护我国能源安全的基本方略，加快能源工业发展，增强国内能源供给能力。

第三，多元发展。努力构建以煤炭为主体、电力为中心、油气和新能源全面发展的能源结构。到2020年，争取使可再生能源比重从目前的7%左右提高到16%左右。

第四，保护环境。我国今后的能源发展将兼顾经济性和清洁性的双重要求，鼓励发展煤炭洗选、加工转化、先进燃烧、烟气净化等先进能源技术。在今后5年里，我国二氧化硫等主要污染物排放总量预计将下降10%。

第五，加强合作。我国政府已参与多个多边能源合作机制，并且是国际能源论坛IEF、世界能源大会WEC、亚太经合组织APEC、亚太伙伴关系APP等机制的正式成员，是能源宪章的观察员，还与国际能源署等国际能源组织也保持着密切联系。同时，我国与美国、日本、英国、印度、欧盟、欧佩克等国家建立了能源双边对话机制。今后，我们将继续充分利用各方资源、经济、技术等方面的互补性，积极开展能源领域的国际合作。

从上述一些能源政策中可以看出，与世界其他国家的能源战略类似，中国的能源政策具有两个明显的导向。第一，化石燃料的替代及能源开发，包括可再生能源和新能源的开发利用，如风电、太阳能、水电、核能和清洁煤技术利用等；第二，节约能源，其目的是在降低能源使用量的同时不影响经济发展速度。21世纪初，中国的能源政策主要可以概括为：节能优先、效率为本、煤为基础、多元发展、优化结构、保护环境、立足国内、对外开放。这也表明，节能和能效位于中国能源政策的首要地位，并同时鼓励能源体系的多元化发展。

节约煤炭

节能是通过技术改造，依靠科学进步来提高各类产品、各工农业部门中的能源转换和利用效率，以达到能源资源的最佳利用。我国的能源结构中煤占70%以上，这是符合我国能源资源特点的。我国现在煤炭年产量为12亿吨左右，主要用于工业锅炉、火电站、工业炉窑、民用炊事及蒸汽机车五个方面，就节约煤炭而言，可以从以下几方面来考虑。

一、工业锅炉大型化

1980年全国约有20万台工业锅炉，1996年达37万台左右，年耗原煤约3亿吨，平均效率70%。而工业发达国家工业锅炉的平均效率为80%左右。若将我国工业锅炉的效率提高到国外先进水平，每年就可少用煤约9000万吨。2000年，全国蒸汽需要量为100万吨/小时（同时注意节约用汽），工业锅炉需煤约4亿吨左右。我国平均每台锅炉的蒸汽产量不到4吨/小时，是锅炉效率低的主要原因。国外锅炉单台容量大于20～40吨/小时，机械化、自动化程度高，均有水质处理及除尘装置，因此热效率高，大气污染也大为减轻。采取集中供热或分片供热系统以取代分散的小锅炉，不仅有利于提高锅炉效率，而且大大减少了大气污染，改善了环境卫生。因此，大型化是工业锅炉改革和发展的方向。我国煤的种类多，工业锅炉品种不全，系统开展研究工作少，为了使工业锅炉的平均效率提高到80%左右，还必须进行必要的试验研究工作和系列设计。

二、火电机组近代化

我国发电量80%为火电，1994年全国平均供电煤耗为414克/度，比工业国家约多1/3，主要原因是我国火电设备落后，热效率低。据初步计算，现有中低压机组若以30万千瓦亚临界压力机组代替，可节约原煤3000万吨，这是很大的节能。

20世纪末，工农业产值翻两番，电的需要量也翻两番，2000年增加1.5

亿千瓦火电机组，按高压、超高压机组的耗煤水平，则需要增加3.4亿吨标准煤。如发展30～80万千瓦亚临界及超临界压力大机组，使电厂效率接近38～40％，则只需增加2.2亿吨标准煤。因此，我国火电建设一方面需要更新中压机组，淘汰小型低压机组，更重要的是完善和发展30～80万千瓦亚临界及超临界压力机组，进一步提高经济性和可靠性；兴建一定数量的热电站、热电联产，提高煤炭的利用效率。与此同时，应组织科研机构、高等学校及生产部门的科研力量，着手进行研究和发展百万千瓦超临界及超超临界压力大机组。

三、城市煤气化

全国城镇民用炊事用煤利用效率很低，只有15％左右，若改烧煤气其效率可提高到50％。加快煤气化可先从人口集中的大城市做起。城市人口还会增加，但实现煤气化后，民用炊事烧煤数量基本上不需要再增加。除了焦炉附产煤气应充分利用以及适当利用液化石油气外，必须研究煤炭气化新技术。如固定床气化鲁奇炉比较成熟，但气化效率属中等；煤粉气化德士古流程需用纯氧，生产成本如何才合算，需要研究；流态化床气化技术，特别是以各种载体作为气化热源的循环流化床技术，值得研究。

四、工业炉窑高效化

我国各类工业生产及工业炉窑的热效率一般比国外先进水平低一半左右。国内先进与落后也有差距，好的炉窑燃烧效率可达50％，而差的只有5～10％。近期要求经过技术改造，使全国平均水平达到目前国内先进水平是可能的，这样可以节约2000万吨标准煤。新建炉窑时，应尽量选用先进炉型；进行现有工业炉和炉窑的技术改造时，还应提高自动化控制水平。

五、机车电气化

蒸汽机车的热效率很低，只有6～7％，电力机车效率可达到24％，如将机车用的煤炭改作电站燃料，就可以节约煤炭，增加运输能力，并且有利于环境保护。2007年，铁路里程及运输量均增加，而供机车电气化的用煤并不比以前蒸汽机车用煤量增多。根据我国目前的情况，要在国内客运繁重的主要干线、陡坡山区地带以及一些新建铁路，实现机车电气化或采用内燃机车。

通过上述五个方面的技术改造，"十一五"末，全国煤炭总消耗量当可得到有效控制，煤炭供需可以基本达到平衡。

 **节约用电**

我国1980年发电约3000亿度，2000年工农业总产值翻了两番，电力需求也翻两番，发电约12000亿度。由于生活水平的不断提高，城镇居民及农民生活用电也大幅度上升，如按3口之家每户一年用电300度，即人均每年为100度计算，则13亿人口生活用电将达1300亿度，占总发电量的10％，因此我国总的电力的供应与需求相差仍很大，要靠节电，靠科学技术进步，靠提高电能利用的效率来解决，节电包括输电、配电以及一切用电设备的节约和效率的提高，范围甚为广阔，技术措施多种多样，科学理论涉及面宽。现将主要的节电途径分述如下。

一、输配电的节电

影响电网内部能量消耗的因素很多，如用电量增加而个别电力网系统中电网建设却落后；系统之间的联络线和远距离输电部分增加；从电源至用电中心的平均输电距离加大；无功功率补偿率降低；电网电压等级下降；在有负载下变压器和电压调节器没有得到充分利用等。

为了降低输配电电能的消耗，可以根据发展方案和查明的损耗源来改造电网系统，例如：

1.提高供电电网电压

输送同样的负荷，功率损耗与运行电压的平方成反比。若把10千伏的线路电压升高到35千伏，线路和变压器的电能损耗可降低91.8％。

2.增设联络线

改建电网，增设联络线，并适当加大电线电缆的截面尺寸，从而降低线路的电能损耗。

3.调整变压器

变压器的电能损耗是恒定损耗，与有无负荷无关。变压器的效率虽然很高，但即使效率是99％，当容量是1000千伏安时，1％的损耗就是10千瓦，是

相当可观的。因此，要把变压器的容量调整到和用电相适应的规格。在必要时，可以把轻载的变压器停用。

4.提高功率因数，减少无功电流的远距离输送

如果负载系统中总功率因数低，供电部分就要供应额外的无功电流部分，因而变压器、开关设备和电缆等的损耗加大。为此，可以就地装设电力电容器、调相器，在采用大功率电动机时，可考虑采用同步电动机。

二、电动机的节电

电动机的用途最广，在全部发电量中，约有60%左右为电动机所用，因此电动机的节能问题影响极大。不仅要考虑提高电动机的设计效率，而且要对运行方式、输出功率的选择、负载侧效率的提高等进行综合考虑。

1.电动机容量要合理选择

电动机的额定容量应根据负载的需要正确选择。必须使电动机所带负载经常或大部分时间内能接近电动机的额定功率，因为一般电动机在80～100%负载时效率最高。

2.电动机不应在空载下运行

电动机旋转时，除通风损耗、摩擦损耗及电刷摩擦损耗外，还有电磁现象的磁滞和涡流造成的损耗，以及空载电流造成的损耗，所以电动机不带机械负载而空转时要造成电能的浪费。尤其是感应电动机，空载时功率因数很低。感应电动机空载时的电流很大，约为额定负载电流的20～50%，而且是无功励磁电流，所以功率因数也很低，造成损耗。因此，感应电动机不应在空载状况下运转。

当电动机带动断续运行的机械负载时，可以借助于时间继电器、行程开关或电子设备，装设自动停车装置以降低损耗。

3.电动机轻载时的节电问题

如果感应电动机的负载没有达到额定值的40%，而定子绕组是接成三角形的，可以把定子绕组换接成星形。这时相电压降低到原来的1/3，电动机的功率就降为额定的1/3，而且空载电流几乎也减小到原来的1/3，于是提高了电动机的功率因数，达到了节电的效果。

感应电动机定子绕组在轻载时从三角形换接成星形，可以借助于自动换接开关。并且还可以加装负载检测设备，自动检测电动机的负载率，及时使

自动开关动作，达到星形-三角形换接的目的，以节约电能。

4.相位补偿法提高功率因数

如果受生产情况的限制，全部电气设备处于低功率因数运行状况，则可用相位补偿法来达到提高功率因数的目的，通常是将电力电容器与电动机并联接于电网以提高功率因数，也可用同步补偿机与电动机并联接于电网来提高功率因数。

另外，同步电动机具有功率因数等于1的优越性，而且可以调节到它从电网吸取有功功率转换为机械功的同时，还能供给电网无功功率。如果采用同步电动机与感应电动机同时接于电网，将起到相位补偿作用，从而提高功率因数。同步电动机一般用于拖动大型的压缩机和水泵等。

三、热处理电炉的节电

热处理电炉是大量用电的设备之一。电炉的节电措施可以从提高电炉的生产率、降低热力损耗及余热利用等多方面来进行。

1.电炉反复升温降温将造成热损失

电炉反复升温降温时，炉体的蓄热将受到影响。应尽量做到集中开炉，连续作业。如果部件待料或操作人员休息时间较长，则应停炉。

2.电炉工作时，工作容量应全部被利用

电炉工作时，如果负载不足，将引起加热产品单位质量的耗电量增加。

在强迫通风的低温电炉中，热的传递主要是对流而不是辐射，应当考虑如何安放制品，以便热空气能够自由地通过它。在这种炉内，增加制品的数量并不会延长加热的时间，生产率可以提高。

3.减轻装料盘箱或夹具的质量

装料盘箱或夹具在制品加热时，有时要一起入炉，其质量和尺寸必须尽可能减小。出料以后可以将装料盘箱及夹具立刻放进绝热室，保持温度以利再用。

4.减少电炉中热量的损失

热量损失与电炉的绝热情况有密切关系。炉衬必须用绝热材料，不允许用炉渣、沙等来代替，以免大量损失热量。电炉外表面的温度在任何情况下都不该高于60℃，否则炉子的热损耗过大，又不利于工作人员的健康。电炉表面应涂银粉漆，这样比砖墙或外包涂漆的金属皮要降低热损耗4～6％。炉衬中只要有一点裂缝或孔隙，就会大大增加热损耗，因此应检查电炉引入线是否紧接，以及热电偶的埋藏孔是否妥善。在加料和出料时，要注意炉门开口的面积应恰好与进出零件的轮廓相配，并在进出口处安放石棉屏障，并适当控制打开炉门的时间，以减少热损耗。

5.加热制品余热的利用

按照工艺要求，加热制品要慢慢冷下来，它的热量应该加以利用，用来预热下一批制品。

在分批工作的罩式和竖式电炉中，可以有特制的箱或井，以便将需要冷却和预热的制品轮流放入这种井内，让制品在进炉前得到预热，达到节约电能的目的。

四、金属弧焊机的节电

电焊过程中的损耗很大，这些损耗是由于电焊机本身、焊接电路或工艺过程不正确以及生产组织不善等原因造成的。

1.设备利用方面

电焊变压器在空载时电能的损耗极大。电焊机空载包括带电对焊件划线、移位以及换电焊条等。在此期间，应将电焊变压器的电路切断。可以安装一个当电弧间断时能自动断开电路的开关。

减少阻抗线圈的匝数，可以提高电焊机的工作效率。检查回路母线（工作接电线），注意从焊件到电焊机的接地线上的电压降，一般不超过5～8%（3～4V）。检查所有次级回路中的接触点，应保持良好状况，勿使过热。在接触点上的电压降不应过大（0.03～0.2V）。

厚涂料的电焊条可以提高强度，同时又能减少烧损和飞溅的损失，也是节能的措施之一。

2.工艺方法方面

工作之前应该熟悉焊接的工艺过程、焊缝尺寸和公差以及焊接规范。

为了达到节约用电的目的，应力求焊件在加热较少的情况下，即能取得优良的焊缝。

用回流母线或垫板装置作移动接地点，借以消除电弧熄火现象。对接的焊件，在装配时留出细小的焊缝（2～3mm），搭接的焊件装配时应紧密贴合。在焊接各种不同的缝时，应使焊条有正确的倾斜度。

3.高生产率的电焊方法

为了提高电焊的生产率，可以采用与一般方法不同的其他方法，它们的特点应该是施焊方法极快。在加大电焊速度的情况下，焊条加热所耗的电能和电网中所耗的电能当然减小。埋弧焊法就是其中的一种。在焊缝中另加填充金属，可以加快施焊过程。还有一种方法是加大焊接规范，即提高焊接电流的电流量以提高生产率。

在可能的条件下，采用自动电焊是提高生产率的途径。自动电焊是在粒状焊剂层下进行工作的，电弧在裸焊条末端和有厚层熔融焊剂覆盖着的焊件之间燃烧。焊剂保护了焊缝金属免受氧化和氮化，同时也减少了各种主要元素的烧失。焊接区内电流很大，并且热量高度集中，可以进行一次性施焊的高速焊接，即使金属厚度较大时也是如此。

为了节约电能，需制定最适合于金属厚度和接头形式的焊接规范，调整电弧电压以保证电弧的高效率，检查接触点上的电压降，规定电极沿焊缝移动的正常速度和电焊丝送出速度，以及向焊缝坡口中填充辅助金属等，从而在获得高质量的焊缝的同时又节约了电能。

五、照明的节电

1.照明系统方面的节电

当不需要照明时应随手关灯，这是一种对照明节电的手动控制方法。当前还有其他节电控制法。

①日光控制

办公室的窗户都可以透进光，所以可以利用光传感器检测外来光线的状况，以控制灯具的启闭。

②时间控制

根据预定程序来启闭照明器具。例如办公室在工作前、休息时间及下班后，自动熄灯或熄灭部分照明，以利节电，这就是时间程序控制。

③照明调节器控制

照明器具往往由于灯具的作用特性、污染等原因，使灯具的亮度随时间而降低，因此在照明设计时，总把照度设计得比实际需要高一点，此过剩的亮度可由亮度调节器加以控制，以便保持适当的照度，从而达到节电的目的。

2.光源方面的节电

众所周知，荧光灯的效率比白炽灯高4～5倍，寿命比白炽灯长3～4倍，这表明省能光源的研究是极其重要的。省能光源的特性应该是：①效率高；②灯电流、启动电压等电气性能和灯头最好与常用的品种相一致，使之容易标准化；③形状、光色、显色性等应能使人们获得最优的视觉；④价格便宜。这样就有利于省能光源的推广使用。

就白炽灯来说，为了提高效率，有的在灯泡内表面涂以提高光效的膜层，如白漆膜；有的在灯泡中充以气体，如氪气。就荧光灯来说，为了提高发光效率或改善光色，可以改变荧光物质的类别，可以在管内充以不同种类的气体，可以增加管内的压力，也可以改为冷阴极等，诸如三波长发光型显色荧光灯、氪氩混合气体荧光灯、高压钠灯、冷阴极荧光灯，等等，可根据需要采用，以节约电能。2007年中国紧凑型荧光灯销售量增加了147％，达到了37，00万个，占世界紧凑型荧光灯销售量的1/10。

大力推广绿色照明工程。我国照明用电占社会总用电量的13％，但高效节能灯使用量严重偏低，2003年约为3.56亿只，而普遍白炽灯的使用量高达30多亿只。据测算，用高效节能灯代替白炽灯可节电70～80％，用电子镇流器替代传统电感镇流器可节电20～30％，交通信号灯由发光二极管替代白炽灯，可节电90％。据估计如果在全国范围内推广使用12亿只高效节能灯，其节电效果将非常巨大。

以化合物半导体材料为发光主体的半导体固态发光二极管（LED）是一种新型照明光源，正引发人类照明史上的一次革命。同样亮度下，半导体灯电能消耗仅为白炽灯的1/8，而寿命则是白炽灯的100倍。半导体照明具有节能、长寿命、免维护、环保等特性。近年来，半导体固态照明技术有了长足的进展，光效最高水平均为白炽光的10倍，预计到2020年前后，固态照明可以实现大规模产业化，大大节约照明耗能。